为人处世

取舍之道

孙郡锴◎编著

中国华侨出版社
·北京·

图书在版编目（CIP）数据

为人处世取舍之道 / 孙郡锴编著 .—北京：中国
华侨出版社，2008.11（2024.11 重印）
ISBN 978-7-80222-651-7

Ⅰ.①为… Ⅱ.①孙… Ⅲ.①人生哲学—通俗读物
Ⅳ.① B821-49

中国版本图书馆 CIP 数据核字（2008）第 084343 号

为人处世取舍之道

编　　著：孙郡锴
责任编辑：刘晓燕
封面设计：胡椒书衣
经　　销：新华书店
开　　本：710 mm × 1000 mm　1/16 开　　印张：12　　字数：130 千字
印　　刷：三河市富华印刷包装有限公司
版　　次：2008 年 11 月第 1 版
印　　次：2024 年 11 月第 2 次印刷
书　　号：ISBN 978-7-80222-651-7
定　　价：49.80 元

中国华侨出版社　北京市朝阳区西坝河东里 77 号楼底商 5 号　邮编：100028
发 行 部：（010）64443051　　　传　真：（010）64439708

前 言

为人处世是人生的必修课。一个人的成功需要很多因素，学历、背景、机遇，等等，其中尤其不能忽视的是为人处世的能力——奉行什么样的做人准则、拥有什么样的交际圈子、说话办事的能力如何，从一定程度上说，为人处世的水平，决定着一个人生活、工作、事业等诸多方面所能达到的高度。

为人处事很重要，这一点已被越来越多的人认识到，问题是如何才能提高为人处世的水平，让为人处世的能力，真正成为搭上人生顺风车的助力？秘诀就在于掌握取舍之道：取什么、舍什么？怎样取、怎样舍？

概括起来，为人处世应遵循三个方面的取舍原则：

第一，双赢的原则。为人处世的高手有一个共同特点，凡事留有余地，不仅自己能过得去，还要让别人能过得去。以此为原则决定处世思路的取舍，能够为自己创造一个和谐、互助的生存氛围。俗话说，一个好汉三个帮，遇到困难有人搭把手，碰到疑难有人主动出谋划策，这才是为人处世应该达到的境界。

第二，适中的原则。不管你取什么还是舍什么，都要把握一个度，不可不及，也不要太过。以此为原则决定处世技巧的取舍，能够说话说到点子上、办事办到点子上。说话办事恰到好处，自然就成了一个受欢迎的人。

第三，低调的原则。为人处世的过程中，不管你处于什么样的地位，无论你面对的是什么人，都应该拿出一副低调的姿态。以此为原则决定处世方式的取舍，可以避开许多不必要的人生障碍，人生的路会因此顺畅许多。

为人处世是一件很微妙的事情，这里面没有什么深奥的理论，但其中的学问很多人穷尽一生也未必能掌握一二。"运用之妙，存乎一心"，话说起来简单，真正做到取舍得当，还需要更用心的体会和实践。但无论如何，从取舍之道入手，在为人处世上多下些功夫都是值得的。

目 录
CONTENTS

▶▶ 第十二章　取出舍入　有一点超然的心态

第一章 取低舍高

低调做人才是处世的高手

做人要低调似乎是个老生常谈的话题，但绝对是为人处世的一大玄机。所谓低调也就是放低自己、抬高别人，可以迅速拉近与他人的距离，避免成为别人的敌对目标。低调做人说起来如此简单，但当一个人功成名就的时候，能做到低调做人的又有几人呢？

01 肯退一步才能进一步

面对矛盾，一般最简单的做法就是用强去争，但可能对方比你还强，你用强人亦用强，结果就不那么妙了。实际上，在聪明人看来，低头不单是缓和矛盾，也能化解矛盾，而争只有在极端的情况下才能解决矛盾，而在多数情况下只能是激化矛盾。在很多事情上，头低一些，退让一步，不但自己过得去，别人也过得去了，产生矛盾的基础不复存在，矛盾自然就化解了。彼此能够相安，离祸端就远了。

明朝年间，在江苏常州地方，有一位姓尤的老翁开了个当铺，有好多年了，生意一直不错，某年年关将近，有一天尤翁忽然听见铺堂上人声嘈杂，走出来一看，原来是站柜台的伙计同一个邻居吵了起来。伙计连忙上前对尤翁说："这人前些时典当了些东西，今天空手来取典当之物，不给就破口大骂，一点道理都不讲。"那人见了尤翁，仍然骂骂咧咧，不认情面。尤翁却笑脸相迎，好言好语地对他说："我晓得你的意思，不过是为了度过年关。街坊邻居，区区小事，还用得着争吵吗？"于是叫伙计找出他典当的东西，共有四五件。尤翁指着棉袄说："这是过冬不可少的衣服。"又指着长袍说："这件给你拜年用。其他东西现在不急用，不如暂放这里，棉袄、长袍先拿回去穿吧！"

　　那人拿了两件衣服，一声不响地走了。当天夜里，他竟突然死在另一人家里。为此，死者的亲属同那人打了一年多官司，害得那人花了不少冤枉钱。

　　原来，这个邻人欠了人家很多债，无法偿还，走投无路，事先已经服毒，知道尤家殷实，想用死来敲诈一笔钱财，结果只得了两件衣服。他只好到另一家去扯皮，那家人不肯相让，结果就死在那里了。

　　后来有人问尤翁："你怎么能有先见之明，向这种人低头呢？"尤翁回答说："凡是蛮横无理来挑衅的人，他一定是有所恃而来的。如果在小事上争强斗胜，那么灾祸就可能接踵而至。"人们听了这一席话，无不佩服尤翁的聪明。

　　中国有句格言："忍一时风平浪静，退一步海阔天空。"不少人将它抄下来贴在墙上，奉为座右铭。这句话与当今商品经济下的竞争观念似乎不大合拍，事实上，"争"与"让"并非总是不相容，反倒经常互补。在生意场上也好，在外交场合也好，在个人之间、集团之间，也不是一个劲儿"争"到底，忍让、妥协、牺牲有时也很必要。作为个人，适当低一下头也是一种宝贵的智慧。即使在市场竞争的条件下，隐忍退让仍然能够提供成功有效的经营策略。比如商人常说的"有钱大家赚"，就是让的一种表现。经营行为本来是以追求利润最大化为原则的，如果你斩尽杀绝，不肯让利，就不会有合作伙伴。极端地说，根本也就不会有商品经济。因为全叫你垄断了，还有什么市场竞争呢？可见市场竞争是以让为前提的。

02 学会以隐忍的态度做人

当你还没有充分的实力时，忍耐就具有特别重要的战略意义，在这时候，做大事者，能审时度势，不把那些小耻小辱放在心上。但是，光被动地忍还不行，还必须为了忍后的行动积极准备。唐太宗李世民在争夺储位的过程中就是保存实力，边忍边动，后来终于达到了自己的目的。

唐高祖李渊建立唐王朝后，太子李建成和齐王李元吉勾结，多次陷害立有大功的秦王李世民，兄弟间一场生死拼杀势所难免。

李世民身边的文臣武将屡次进言，劝李世民早作打算，抢先动手。李世民每到这个时候，便会面现苦容，叹息不止，说：

"我们乃是一母同胞的兄弟，纵是他们的不对，我又怎么忍心呢？还是委屈一下吧，时日一长，他们也许会知错能改，一切就烟消云散了。"

别人都十分着急，深怪他心有仁念，坐失良机。李世民对此置若罔闻，暗中却把他心腹的将领尉迟敬德等人找来，对他们说：

"你们的好心，我岂能不知？不过现在我们安排未妥，事无头绪，又怎能草率行事呢？事若不密，为人察觉，只怕我们先得人头落地了。还望各位详作筹划，切勿泄露。"

李世民边忍边动，加紧布置，由于他表面从容，处处示弱，李建成、李元吉果真被欺骗，暗中得意。他们按部就班，一步步地实施整倒李世民的计划，心想假以时日，不愁大事不成。

不久，有报说突厥兵犯境，李建成便保举李元吉为帅，带兵迎敌。

齐王请求李渊把秦王李世民的兵马归他指挥，李渊答应了他的要求。李世民和他的文臣武将一眼便看穿了他们的阴谋，李世民见群情激愤，故作痛苦的模样安抚众人说：

"皇上既已同意，看来我只能束手待毙了。这是天意，我又能怎么样呢？"

众人见此，信以为真，不禁泣泪苦劝；有的还要告辞而去，以示抗议。只有几个知情者以目示意，不露声色。

这时又有人进来密告李世民，说太子与齐王早已定下计谋，只等李世民等人给齐王出征送行时，便要密伏勇士，趁机全部杀光，然后太子登位，封齐王为太弟。

众人听此，情绪更为激动。李世民见火候已到，这才长叹一声，对众人说：

"我是被逼如此，各位都是明证。事已至此，只有先发制人，我们才能铲除强敌，保全性命。"

李世民分兵派将，伏兵于玄武门。第二天，李建成、李元吉上朝在此经过，伏兵齐出：他们二人猝不及防，李建成被李世民射死，李元吉被尉迟敬德砍杀。

没过多久，李渊便让位李世民。李世民登基为帝，终于实现了他的梦想。

李世民的"成功"告诉我们：以隐忍的心态做人，以积极的准备做事，大事可成。

03 做个表面的弱者又有何妨

有些人看上去平平常常，甚至还给人"窝囊"不中用的弱者感觉。但这样的人并不可小看。有时候，越是这样的人，越是在胸中隐藏着高远的志向抱负，而他这种表面"无能"，正是他心高气不傲、富有忍耐力和成大事讲策略的表现。这种人往往能高能低、能上能下，具有一般人所没有的远见卓识和深厚城府。

刘备一生有"三低"最著名，它们奠定了他王业的基础。

一低是桃园结义，与他在桃园结拜的人，一个是酒贩屠户，名叫张飞；另一个是在逃的杀人犯，正在被通缉，流窜江湖，名叫关羽。而他，刘备，皇亲国戚，后被皇上认为皇叔，肯与他们结为异姓兄弟，他这一来，两条浩瀚的大河向他奔涌而来，一条是五虎上将张翼德，另一条是儒将武圣关云长。刘备的事业，从这两条河开始汇成汪洋。

二低是三顾茅庐。为一个未出茅庐的后生小子，前后三次登门求见。不说身份名位，只论年龄，刘备差不多可以称得上长辈，这长辈喝了两碗那晚辈精心调制的闭门羹，毫无怨言，一点都不觉得丢了脸面，连关羽和张飞都在咬牙切齿。这又一低，一条更宽阔的河流汇入他宽阔的胸怀，一张宏伟的建国蓝图，一个千古名相。

三低是礼遇张松。益州别驾张松，本来是想卖主求荣，把西川献给曹操，曹操自从破了马超之后，志得意满，骄人慢士，数日不见张松，见面就要问罪。后又向他耀武扬威，引起对方讥笑，又差点将其处死。刘备派赵云、关云长迎候张松于境外，自己亲迎于境内，宴饮三日，泪别长亭，甚至要为他牵马相送。张松深受感动，终于把本打算送给曹操的西川的地图献给了刘备。这再一低，西川百姓汇入了他的帝国。

最能看出刘备与曹操交际差别的，要算他俩对待张松的不同态度了：一高一低，一慢一敬，一狂一恭。结果，高慢狂者失去了统一中国的最后良机，低敬恭者得到了天府之国的川内平原。

在这个故事中，刘备胸怀大志，却平易近人，礼贤下士，慢慢成就了自己的基业。与之相反，曹操心高气傲，目中无人，白白丢掉了富饶的天府之国，并且还因此耽误了统一中国的大计。单从这一点上看，刘备是真英雄，虽然他没有所谓的气势架子；而曹操则一副狂徒之态，傲气冲天，耀武扬威。他因此吃了大亏，其实一点都不冤。

一个人，无论你已取得成功还是还没有出师下山，其实都应该谨慎平稳，不惹周围人不快；尤其不能得意忘形狂态尽露。特别是年轻人初出茅庐，往往年轻气盛，这方面尤其应当注意。因此心气决定着你的形态，形态影响着你的事业。

所以说，懂得胜不骄、有功不傲的人是真正懂生活、会做事的人，他们会因此而成为强者，成为前途平坦、笑到最后的人。

04 凡事看开一点就不会自找麻烦

1898 年冬天，幽默大师威尔·罗吉士继承了一个牧场。

有一天，他养的一头牛，为了偷吃玉米而冲破附近一户农家的篱笆，最后被农夫杀死。依当地牧场的共同约定，农夫应该通知罗吉士并说明原因，但是农夫没有这样做。

罗吉士知道这件事后，非常生气，于是带着佣人一起去找农夫理论。

此时，正值寒流来袭，他们走到一半，人与马车全都挂满了冰霜，两人也几乎要冻僵了。

好不容易抵达木屋，农夫却不在家，农夫的妻子热情地邀请他们进屋等待。罗吉士进屋取暖时，看见妇人十分消瘦憔悴，而且桌椅后还躲着五个瘦得像猴子似的孩子。

不久，农夫回来了，妻子告诉他："他们可是顶着狂风严寒而来的。"

罗吉士本想开口与农夫理论，忽然又打住了，只是伸出了手。

农夫完全不知道罗吉士的来意，便开心地与他握手、拥抱，并热情邀请他们共进晚餐。

这时，农夫满脸歉意地说："不好意思，委屈你们吃这些豆子，原本有牛肉可以吃的，但是忽然刮起了风，还没准备好。"

孩子们听见有牛肉可吃，高兴得眼睛都发亮了。

吃饭时，佣人一直等着罗吉士开口谈正事，以便处理杀牛的事，但是，罗吉士看起来似乎忘记了，只见他与这家人开心地有说有笑。

饭后，天气仍然相当差，农夫一定要两个人住下，等转天再回去，于是罗吉士与佣人在那里过了一晚。

第二天早上，他们吃了一顿丰盛的早餐后，就告辞回去了。回家的路上，佣人忍不住问他："您不是打算讨公道吗？"罗吉士笑着说："那是原来的打算，当我看到那一家人后，我就不想再追究了，太小心眼了

第一章　取低舍高　低调做人才是处世的高手 ▶▶

没什么好处！"

故事中的罗吉士虽然失去了一头牛，但这段经历却使他明白了一个道理：一个人总是斤斤计较的话，做人也不会开心，生活中的一些小事根本就不值得太过计较。然而，生活中却有很多人习惯于斤斤计较，遇事就犯小心眼的毛病，结果无事常思有事，把自己的生活搞得一团糟。

气大伤身的道理可能很多人都懂得，可也总有一些人为一些小事不能自解。真是别人生气我不气，气出病来无人替。

李大妈早年丧夫、无儿无女，可能就是因为这个原因，李大妈的脾气暴戾、偏激、狂躁、喜怒无常。

老郑和老吴是李大妈的邻居。因为李大妈的极坏禀性，她和老郑、老吴的关系处得很别扭。老郑和老吴也因为有李大妈这样的邻居而沮丧不已。

但老吴和老郑二人的性格截然不同。老吴豁达开朗，凡事想得开；而老郑则有点心胸褊狭，爱走极端。因此二人虽生活在同一个环境中，表现却大不一样：老吴整天乐呵呵的；老郑一天到晚吊着脸，一副快快不乐地样子，好像谁借了他二斗陈大麦还了他二斗老鼠屎似的。

一天，李大妈的一只乌鸡不见了，她便在自家院里跳着脚骂："哪个丧天良的，偷了我的乌鸡？谁偷了我的乌鸡断子绝孙，死时闭不上眼睛！"

骂声很大，邻居老吴和老郑都听见了。

老吴想："她没点名骂谁，咱也没干那亏心事。不做亏心事，睡觉不关门，她爱骂骂去，与咱毫不相干。"仿佛没听见骂声似的。

而老郑则不一样。他想："这怕是冲我来的，这婆娘真没口德，开

009

口闭口丧天良的。哎，真气死我了！"老郑气得吃不下饭，睡不着觉，不几天便病倒了。

几天以后，李大妈在她家的草堆中发现了死鸡。原来乌鸡觅食钻到了草堆下面，它还没出来，李大妈便在外面放了一担柴火，把那个出孔堵住了，以致它饿死在里面了。

李大妈有些内疚，便找老吴和老郑道歉。

老吴听后说："我没什么，一点都没生气，你找老郑道歉去吧！"

李大妈极诚恳地向老郑做了解释和道歉。老郑听后，心中的怨气慢慢地消了，过了几天，就能起来行走，身体慢慢地恢复了。

"哎，都是自己小心眼造成的，咱要像人家老吴，还生哪门子气呢？"老郑这时才明白。

做人凡事都要看得开一点，斤斤计较就是在自找麻烦，一些小事根本就不值得太往心里去，如果像故事中的老郑那样总是为点小事计较，犯小心眼，那生活又怎么会有快乐可言！

习惯小心眼的人，就是太在乎别人怎么说，怎么看了，于是经常被一些不必要的事情烦扰，怕别人责怪而自责、怕别人取笑而自卑、怕难堪而自闭。

一位老人的笔记本上，记着这样一句话："不必在意别人是否喜欢你、是否公平地对待你，更不要奢望每个人都会等待你。"

某一天你突然发现王二对张三、李四很好，对你却不冷不热，可你想不出曾做错什么，想不出什么地方得罪了他。你不必惊慌，更不必烦恼，在一次次的自问和猜测间，你耗掉的是自己的时间，消磨掉的是自己的信心。其实，王二对你的态度并不能改变什么实质性的东西，或许本来就不是你的问题，你何必因此扰乱心理平衡呢？再仔细想想赵五不是对你很好而对别人冷冷淡淡吗？这样就够了。

不必在意别人冷漠的表情、窃窃的私语；不必费心去揣测、捉摸别人怎样待你、怎样评价你；不必在意微小的得失、过错或失败，那只是成长路上的一个小插曲。豁达一点，超脱一点，平静喜悦地走过每一个日子，然后再回过头想想所经过的是非得失、喜怒哀乐、苦辣酸甜，你会发觉眼前突然变得明亮开朗，原来，生活还是充满了七色阳光。把时光留给自己，读自己喜欢的书，倾听迷人的音乐，到田野去走走……生命中值得留意的东西有很多，实在不值得你去关注别人的态度。

05　虚荣者容易被人乘虚而入

《伊索寓言》里有这样一个故事：

因为老鼠和黄鼠狼名字上都有一个鼠字，有人认为它们有亲缘关系。但老鼠却不同意，它们觉得黄鼠狼比自己大，所以它们应该和狼属于一类。因此，老鼠经常与黄鼠狼发生矛盾，尖锐时竟展开殊死的搏斗，杀得你死我活，难解难分。

每次战斗的结果都是以老鼠的失败而告终。

有一次打仗，老鼠又损失惨重。于是，老鼠们坐下来总结经验教训。一个上了年纪的老鼠说："我看我们打不过黄鼠狼的主要原因，是因为它们是狼，而我们是鼠，什么时候听说过鼠战胜过狼呢。不信你们看看，它们有多大，而我们的个多小啊！"

但有一个大老鼠不同意它的看法，它说："我们总是失败，我看是因为我们没有指挥作战的将领，一旦有了将领，我们一定能战胜黄鼠狼。"

它的话引起了老鼠们的争论，最后，它们举手表决，大多数老鼠同意大老鼠的意见。于是，它们选出了五位老鼠做将领。

这五位将领为了显示它们的与众不同，便要手下为它们做了一些犄角戴在头上。

不久，老鼠与黄鼠狼又发生战争。在将领们的带领下，老鼠们奋勇向前，但仍然无法抵抗黄鼠狼的强大攻势，刚一交手，便一触即溃，被杀得落花流水。

老鼠们见失败已成定局，一个个望风而逃，谁也不去管那五位将领了。

老鼠们看准自己的洞，一个个都以最快的速度钻了进去。再看那五位将领，由于头上戴了犄角，想钻洞好比登天。

当它们想甩掉头上的犄角，黄鼠狼已冲到跟前一口一个将五位老鼠将领全部吞掉。

做"将领"的老鼠之所以被吃掉，虚荣显然是灾祸的根源。大敌当前，无疑是应当全力以赴，以勠力攻敌为第一要务，而它们想的却是做了头领就应该与众不同，于是非要将"一些犄角戴在头上"，结果也就被黄鼠狼给"特别惠顾"了。

这虽是寓言，也是人类社会的一种折射。现实社会，满心虚荣的人随处可见。一位作家曾深有感触地以他的亲身生活对此大发感慨：

十五年前，我曾在一个地方政府工作过。由于经常投稿、发信与当时政府收发室的一个收发人员熟悉了。

在那个"市委大院"，他大不了也就是个勤杂工，负责收发报纸、信件及各种邮包什么的，活儿当然不累，每天只忙一阵儿，把该送的信件、报纸都送遍了也就完事了。

有一天送完报纸，他进来找我，说让我随他出去一会儿。我以为定是来了"大头"稿费，想必他又要"卡"我一包烟什么的，但又无奈，只好随他去了。

进了他那间低矮幽暗的小收发室，他先让我坐下，又递了一支烟让我抽，脸上漾着诚实的庄重。我不知道他要干什么，但我预感到他是想求我的，而不是已往给我送汇款单时那种居功自得的样子。我说你找我有事吗？他说："我想求你帮个忙。"我说啥事你就说吧。他说他刚从他孩子的学校回来，是参加学校召开的家长会；没开完，因急于送报纸怕耽误了领导看报，不得不提前回来。本来那会上，很多家长都发了言表了态，他还没来得及做这一切，就匆匆地回来"履行公务"了。他说这很不礼貌，请我给老师写封信，两三页就行，向老师道歉，再把今天应该说的话写进去。我听清了他的意思，联想他平时说话语无伦次及在众多人面前说上几句话就脸红，我猜定：他在家长会上没有发言，绝不仅仅是因为"没来得及"，大概还有别的什么因素吧？

我答应了他的请求，说："我回去给你写吧？"他不同意，说："你就在我这屋里写，而且用我这种纸。"看了一眼他捏着的那本稿纸，像是刚从哪儿要来的，那稿纸上的"名头"确实比我的稿纸"官大"。我毫不牵强，就把他那"大门头"的稿纸接过来。"开头就写本来想参加到底，因为送报纸，怕误了时辰，所以早回去了，行不？"抬着眼我问他。他的脸倏地一下红了，想了想，极认真地说："绝不能说送报纸，就说机要工作，身不由己，有重要文件，不得不提前退会。"我愕然了，觉得这种虚荣不但让他活得累，我听了心里都觉得累。

后来我听说，他一直就跟他孩子的老师说他在政府做机要工作，那个小学老师也不知机要工作是什么性质，就认为他一定是政府机关一个很重要的人物，就常常求他给办一些事情。结果呢，他就像郭冬临演的小品《有事您说话》里的那位主人公一样，每每有老师求他办事，他在背后不知受了多少苦。

有一天晚上，为将老师求的一桩事情办得妥帖，他骑车去一领导家求人情，回来的路上，发生了车祸，被撞成植物人，五年后死去了。

人的能力有大小，选择有分别，但在心灵的质地上，人无贵贱之分，关键是活出自己的本色。而虚荣往往会掩盖了这一点，它在本质上是对本色生活最大的挑战。虚荣是人心灵浮躁的直接表现，有时又是自卑心理的异化。但无论其根源在哪儿，它的害处是不仅让人活得很累，而且这一弱点也往往会被对手抓住去利用。因为这种虚荣的破绽一旦露出，连自己都会"不好意思"去掩盖缝补。别人一旦发现你有油水可榨，并且是"不榨白不榨，榨了也白榨"的那种，显然是会毫不客气、大摇大摆直接下手的。

从这个意义上来讲，虚荣确实是为人处世的"大娄子"。它在使我们门户大开的同时，也严重地束缚了向目标进取的手脚。这种害处严重时，有时甚至是致命的。作为一种几乎是与生俱来的人性弱点，我们对于它的克服和防范，应当作为一种时时抓紧的"功课"去做。

第二章　取精舍多

善交朋友比多交朋友更重要

人缘好的人朋友多，到哪里都有朋友照应，办什么事自然就容易一些。但是也并非朋友越多越好，有的朋友只是看中了你的某些"有用"之处，周围这样的人多了只能浪费你的时间、精力、金钱。所以，要会交朋友，要有所选择地交朋友，这样才能让你的交际圈子更有活力和效率。

01 交朋友要有所选择

古人曰："与善人交，如入芝兰之室，久而不闻其香；与不善人交，如入鲍鱼之肆，久而不闻其臭。"这句流传久远的名言，生动地说明了"慎交友"的重要。事实也确实如此。一个人的朋友如何，对自身的成长、发展，往往起着很大的作用。这是一种看不见的、潜移默化的、熏陶感染的力量。

在人际关系场，各种关系错综复杂，而朋友关系由于是你最值得信赖的，所以它对你也是影响至深。

交朋友要交有血性、有骨气、有仁德的朋友。利势、利权、利财之交，都是不长久之交。

有的人交友是为了害友，在实际生活中，这确是活生生的现实。有些人为了达到不可告人的目的，或者是为了实施某种非法行为，不择手段寻找勾引目标。一旦他选中了，便千方百计地拖其下水，使用胁迫、利诱、欺骗、教唆等种种手段使原来品行良好的人走上邪路。应该说，这类朋友是最可怕的，也是最毒恶的，和这样的人结交无异于自我毁灭。

由于人们的世界观、兴趣、爱好各不相同，所以朋友也有许多种类型。正所谓"人上一百，形形色色"。人人都希望能够交上知心朋友，知心是重要的，你知道我的思想，我知道你的想法，互相关心、互相帮助、共同进步，这是知心朋友交往的主要内容。

正因为人们所结交的知心朋友对人的一生都会产生很大的影响，所以交友必须注意择友。

"管宁割席"说的就是古人的交友之道。管宁与华歆在年轻时是一对很亲密的朋友。一次，他俩在园中锄地发现地上有块金子。管宁继续锄地，把金子看成是瓦石，而华歆则捡起了金子。又有一次，两人一齐坐在炕席上读书，忽然听到外面鼓声动天，有位达官显贵乘坐华丽的车马经过门前，管宁仿佛没有听见一样，埋头读书，而华歆却连忙丢下书本，跑到街上去看，露出羡慕不已的神情，管宁见此情景，就再也不愿与他为友，于是就用刀子把炕席一割为二，不跟华歆坐在一起了。

朋友是终生的老师，人生旅途的忠实伴侣。一帆风顺，得意兴奋时，他伴随着你；坎坷多难，失意受挫时，他也不离开你。这面镜子往往能够让你照一照自己，检点自己的言行。你的品行，你的学业、事业，都时时在它的关注之下，给你以指点和警醒。如果一个人能多交一些好的朋友，就可以常"入芝兰之室"，其思想境界、文化修养、意志品质就能得到很好的熏陶，人生的价值，就能得到充分的体现，生命的意义就更丰富深刻。

朋友关系是所有关系中最主要的，不可儿戏以待之，一定要有选择性。

02 遵守做人的互助原理

做人的互助原理，按照古人所说，即"投之以木瓜，报之以桃李"。在日常生活中，有许多偶然的事情将决定你的未来命运，但所谓世上没有无源之水，无本之木。你必须懂得尊重他人，也就是懂得尊重关系，将爱心和诚心放在首要的位置，你才能赢得对方的尊重和好感，也许，有一天，你就会收到这种天外之喜。

这又是一个比较经典的事例。

柏年在美国做职业律师时，移民潮一浪高过一浪涌进美国土地，他经常要接到移民案子，有时半夜还被传唤到移民局的拘留所领人，这样几年之后，柏年终于有了自己的事业，可是天有不测风云，一念之差，他将资产股票几乎亏尽。同时移民法修改，职业移民名额削减，顿时门庭冷落，他想不到从辉煌到黑暗只是一瞬间的事。

这时，他收到一封信，是家公司总裁写的：愿意将公司 30% 的股权转让给他，并聘他为公司和其他两家分公司的终身法人代理，他不敢相信自己的眼睛。天下还有这等好事？他找上门去，总裁是个四十多岁的人，"还记得我吗？"总裁问。他摇摇头，总裁微微一笑，从办公室抽屉里拿出一张皱巴巴的五块钱汇票，上面夹的名片，印着柏年律师的地址、电话。他实在想不起还有这一桩事。

"10 年前，……在移民局……"总裁开口了，"我在排队办工卡，排到我时，移民局已经关门了。当时，我不知道工卡的申请费用涨了 5 美元，移民局不收个人支票，我又没有多余的现金，如果我那天拿不到工卡，雇主就会另雇他人了。这时，是你从身后递了 5 美元上来，我要你留下地址，好把钱还给你，你就给了我这张名片……"

这个故事似乎有些离奇，但是世上所有的离奇都带有偶然性，只要这种偶然性再次爆发，就会成为人生的重大转机。试想一下，如果故事中的柏年不去用 5 美元助人，他怎么可能会受到总裁那么大的恩惠呢？尽管他起初不是有意的，但也正是他内心深处意识浓厚的关系理念，唤起了他的无意的助人行为，才带来那么大的回报。人与人之间就是这样，你关心别人，别人也会关心你，你的付出，一定会换来他人的热情回报和良好关系，当你与朋友见面时，一句简单的问候，便可沁人心脾，感人肺腑，化解隔阂。俗话说："良言一句三春暖"、"人心换人心"、"将心比心"，若想有真正的朋友，必须懂得尊重关系本身，这样你才会关心别人，因他的高兴而高兴，因他的担忧而着急，人际关系的圈子是需要你这样投入感情去培养的，也才会赢得真正的关系。

突然费城那家百货公司的年轻人能获得极好的发展机会，主要原因就在于他比别人付出了更多关心和礼貌，比别人更尊重与他人之间的关系。所以当老妇人进来时，其他柜台人员都不去理她，而他却能主动走过来问她能不能帮她做些什么。当老妇人回答说只是在避雨的时候，这位年轻人没有向她推销任何东西，还转身拿给她一把椅子。虽然他的行为看似普通，但是足够打动老妇人的心，有了对他极大的好感，从而才有了他后来的好运连连。

有些看似偶然的好运，其实都是一种必然。那只是你在以前种下的种子，现在开始开花结果了。尊重关系，会让你有种自然去帮助他人的好习惯，帮助他人就等于帮助自己。人生路上每个人都会遇到各种各样的困难，如果你能对别人伸出援手，你得到的将不只是快乐，因为你搬走了别人脚下的绊脚石，它却可能成为你做人成功的敲门砖。

尊重关系，也就是尊重别人，是营运良好人际关系的重要基石。

03 要善于向别人推销自己

"不论是一位医生、律师、舞蹈教师，还是银行职员，你的一生成败大部分依赖于你是否具备推销自己潜能的能力。有些人天生懂得怎样有效地推销自己，并给人们一种良好的印象，这完全是因为他们使用了一点额外的智力，我们姑且称之为'推销潜能意识'。"这句话摘自法国著名职业选择研究家巴乐肯所著的《形体、性格与职业选择》一书。

有这样一个故事，每当夏季销售旺季，某某市场都需要增添人手，并且待遇从优。一个男孩子要求来干，经理看他瘦小的样子，只答应让他试干一天。一天未到，经理便拍板留用了他。因为他干完本职工作以后，还做了些分外的工作，而这些工作恰恰表现出了他的潜能。他对一位来买东西的阔太太说："太太，我想应当替您把牛油和肥皂分别包装才好。"那位太太听了这话十分高兴。随后，他又拖着大批货物送到那位太太的汽车上，问道："把这些东西放到哪里合适？"他扶那位太太上了汽车之后，又说了一句："谢谢您。"经理看到了这个场面，从而认定这位小伙子是把好手。

还有一个类似的故事，一个面包房里的年轻女店员，尽管每天只是替人做包扎点心面包的无聊工作，但是她的做法与众不同。她对一位来买面包的先生说："我把这个奶油巧克力点心替您另外装起来，您小心拿着，以免奶油被压坏。"说完对先生莞尔一笑，他也还她一笑——她所售出的不仅是奶油点心，她连自己的潜能也充分售出了。

　　在传统的观念里，人们只知道知识的培养，却不懂得自我表现。在当今这个社会，人缘不会主动跑到你面前，如果你不懂得自我推销，那你将错过许多唾手可得的人缘，这是多么可惜的事情啊！自我推销并不是必须具备充足的能力，只要认为自己有这方面的潜力，就完全可以把自己推销出去。因为一个人的能力不是天生的，要不断地在实践中摸索、锻炼，能力才能得以很好地提高与发挥。如果不给自己一个锻炼的机会，即使有能力，也不会有施展的舞台，只能被埋没。

　　自我推销也是需要技巧的，正像推销产品一样。

　　法国歌唱家亚尔乔在电影《精歌悲泪》中唱的一首歌使他走红，而嗓子绝不比亚尔乔差的一位年轻漂亮的歌唱家，在一家咖啡馆里也唱这同一首歌，他的身子斜依钢琴，两手把在胸前，用极优美的声音低唱那首歌，十分优美动人，但是经理每周只给他75美元，而亚尔乔每周却赚3500元。不解之余，人们终于发现了他俩唱歌的不同：亚尔乔走到台边，一只腿跪下，两手张开，眼睛睁大，嘴也张着，向你悲歌，向你哀求，深深地打动听众的心弦。

　　人人都有潜能，但并非人人都能表现出潜能。下面就给你介绍一些推销自己潜能的原则：

　　首先，应该在适当的场合下，恰当地表现自己的潜能。比如你有绘画的潜能，而你所从事的却是销售工作，那么你就可以在搞销售的同时充分表现出这种潜能，绘制漂亮的标签和宣传广告，这样你就比其他销售人员多了一种优势。

其次，应该善于迁移自己的潜能。把自己的潜能与其他活动结合起来，创造出一种新的能力，这种能力就是别人所不具备的了。

最后，推销自己潜能的目的在于让对方接受自己，所以推销潜能还要顾及对方，不可一味卖弄，弄巧成拙。

有位女主人打算招一名"管家"来看管她的豪华住宅。这件好差事，引来许多女孩子参与应招。为什么那么多优秀的女孩子没有被女主人"押中"，只有一位貌不惊人的姑娘独获青睐呢？答案很简单，无论是漂亮的女孩子也罢，有能力的女孩子也罢，她们不善于在女主人面前推销自己，只有那位貌不惊人的女孩子，利用赞叹巧妙地表达了对这间豪宅的向往之意，这能不打动女主人那"挑剔的心"吗？自然，她也就获得了女主人的认可，如愿以偿地当上了"管家婆"。

一个人即使有天大的本事，如果不为人知，不被人发现，就像地下尚未开采的煤，深深地埋在地下，永远也不会有出头之日，要想得到其他人的承认，不仅要主动推销自己，还要善于推销自己。

04 无伤大雅的弱点当露则露

大概没有一个人是不想讨人喜欢的，因为别人对你有好感，使你有了良好的人际关系，你才能顺风顺水。"自我暴露会增加喜欢"，美国社会心理学家西迪尼·朱亚德通过一系列实战得出了这个结论。

所谓"自我暴露"，就是把有关自我的内层信息传给对方，让别人最大限度地了解自己。把自我向别人死死关闭，本身就是一种示弱。

敢于"自我暴露"，乃是童心之表现。人"若失却童心，便失却真心；失却真心，便失却真人"。这句古语告诉你，童心意味着心地单纯、性格直率、感情真诚，与玩弄心术、虚伪狡诈水火不相容。

提倡"自我暴露"，并不是让你不看对象，不分场合，不问情由地"胡暴乱露"一通。在某种情况下，人们由于出自礼貌，或出于对他人的关心，所表现出的自我克制态度以掩盖自我意识的真实性，是生活的需要，与虚伪并不是一回事。例如，在熙熙攘攘的人群中，别人重重地踩了你一下，当对方对你表示歉意时，你肯定说："没关系，不疼。"

这就说明了"自我暴露"中的"相互性原则"。就是说，你最喜欢那些和你"自我暴露"的亲密关系有着相同水平的人。"自我暴露"应该根据相互关系中对方的特点而采取相应的对策。这时的"相互性原则"还有一层含义是，"自我暴露"必须缓慢到相当温和的程度，缓慢到足以使双方都不致感到惊讶的速度。如果过早地涉及太多的个人亲密关系，反而会引起忧虑和自卫行为，扩大双方之间的距离。

坦承自己的弱点，不但可以攻破对方对你的防御，还可以更好地隐藏自己真正的弱点。实际上，人都会特别注意他人的弱点，所以当对方要指向你的弱点时，自己先开门见山地说出自己的弱点，对方便会把目光转向这方面的弱点。这种先发制人的手段，可以隐藏自己真正的弱点而使其不成为被攻击的目标。

通常，人们对我们意欲掩饰的行动，常容易投下注视的眼光，偶尔还可能故意往坏的方面想象。但如果我们本身解除警戒，并表示我们信赖对方、表示好感的话，对方反而会以诚相见。即使对方不怀好意而来，但当我们逐渐解除武装，慢慢地暴露自己的某些缺点，采取较低的姿态，有时也可达到使对方将恶意转变为好意的效果。

如果你建立关系的对象防御坚强，而且表现得毫不通融的时候，你最好先泄露出自己的某些弱点，使对方解除戒心。即使是经常以严肃的死板脸孔斥责属下的上司，只要以信赖他们的姿态交谈，也会使会谈意外顺利地进行下去。

事实上，在我们做人时，无论是事业方面的，还是家庭方面，或是爱情方面的关系，乐于和别人推心置腹、襟怀坦白，都会潜藏着一种对你有益的奇特的力量。人如果对别人敞开心扉，待人以诚的话，人们就会邀请你进入他那个神秘的内心世界中，关系热度自然就会节节升高。

有位电影明星，受到评论界的指责，并不见得是他在新片中扮演的角色有多么不理想，而是评论界对明星有由来以久的挑剔眼光。在评论界看来，你既然是明星，就应该表演得尽善尽美。后来，该明星用了一个很小的技巧，就是故意暴露自己的一些弱点，其实也是在含蓄地告诉评论界，你们也别把我当成完美的神，我只是一个舞台上的演员而已，他的"自我暴露"取得了记者的同情，也软化了记者们的尖酸的笔头。这一次，关于他的报道充满了信任和赞美。

与人交往时，坦承自己的弱点，不但可以攻破对方对你的防御，还可以更好地隐藏你做人的真正弱点。

05 "感情账户"也要先注入"资金"

人与人之间没有彼此信任，则没有互助互利；没有较深的感情则没有彼此的信任。在人际交往中，关系的"冷热"是与重视情感成正比的，不断增加感情的储蓄，就是聚积信任度，保持和加强亲密互惠的程度。

打一个很"功利"的比喻：与朋友的交往实际上也是一本账。只有那些肯吃眼前亏的人，才能争取到"长期客户"。

你在感情的账户上储蓄，就会赢得对方的信任，那么当你遇到困难，需要帮助的时候，就可以利用这种信任。你即使犯有什么过错，也容易得到别人的谅解；你即使没把话说清楚，有点小脾气，对方也能理解。所以我们要强调请求别人的支持和帮助，应该自信主动、坦诚大方地提出，尽管有许多有效的方法和技巧可以采用，然而最重要的是自己要乐于助人，关心他人，不断增加感情账户上的储蓄。如果说建立相互信任、相互帮助的人际关系有什么诀窍的话，那么这是唯一的和可靠的诀窍。反之，不肯增加储蓄而只想大笔支取的人是无人理会的，这样的银行账户是根本不存在的。你毫无储蓄，到需要用钱时，也就无钱可用，只有欠账了，但欠账总是要还的，到头来还是要储蓄。这就是社会与人生的大海上平等互利、收支平衡的灯塔。

平时我们请人帮个小忙，习惯说劳驾、借光。帮忙和借光有什么关系？其实"借光"一词的来历就说明了求助也就意味着互利。据说，古代有个勤劳的女子因家里太穷点不起灯油，夜晚无法纺线。村里有个大房子里有灯光，那里有许多妇女纺线。她便去请求帮助，借点光亮。为了让人家欢迎她去，她说，你们给我方便，我也要给大家做点好事，每天晚上我来打扫房间。于是她就这样每天晚上和大家一起纺线了。

互助互利不仅指物质利益，而且还有精神利益。作为被求助的一方不一定非要你给他什么帮助和好处不可，而且人际交往的互利互惠也不同于做买卖那样必须是等价交换，立刻兑现。但作为求助者最好能让对方了解助人也会助己，比如你要求人翻译或打印个材料，如果去找正在学练翻译或打字的熟人帮忙，这不是对他们提高业务技能也有好处吗？

你请某人来帮助粉刷装修住房，说好干半天，他可能干了不到一个小时就走掉了；你托某人为你办理申办什么公司的手续，他也许只起了牵线搭桥的作用，具体的手续还要你自己去四处奔波……遇到这种情况，千万不可埋怨，不可责怪对方说话不算数。因为事实上人家已经帮了一点忙，这就值得你表示肯定和感谢。你感谢对方帮忙，下一回他也可能会帮忙两小时；你感谢人家为你办事，探明了路线，下回他也许会一帮到底。

一个唯利是图的人是永远不可信的，所以每个人都不喜欢结交世俗的朋友，但是那些保持真正友情的人却能把吃亏看得很淡。吃亏就是占便宜，尤其是你渴望交到更多朋友的时候，更应该铭记这一点。这是你积累做人经验，提高自己建立关系能力，扩大人际关系网络的最好办法。如果你在人前处处想到占便宜，那最后吃大亏的一定会是你，而且还有可能让自己身败名裂，遗臭万年。

与他人的关系实际上也是一本账，只有肯先"吃些亏"，才能争取到"长期客源"。

第三章　取好舍坏

先把人看坏才能跟人处好

◆────────────────────────────

我们提倡从积极的一面看人看事，但并不意味着凡事只看积极的一面，那势必导致不能准确判断交往对象，而走进为人处世的死胡同。也就是说，首先要以务实的心态来认识人性中自私的一面，在此基础上采取积极的姿态，这才算得上洞悉处世玄机的高手。

01 认清不自私才会少受自私的伤害

人性里有很多缺陷，自私就是最令人觉得悲哀的一个。自私的人凡事都想着自己，不顾别人，然而这样的人是很难在社会上立足的。

善民村有个农夫，他对佛非常虔诚。他的妻子因病去世后，他就请来了当地最著名的禅师为亡妻诵经超度。佛事完毕之后，农夫问道："禅师，你认为我的亡妻能从这次佛事中得到多少利益呢？"

禅师照实说道："当然！佛法如慈航普度，如日光遍照，不只是你的亡妻可以得到利益，一切有情众生无不得益呀。"

农夫不满意地说："可是我的亡妻是非常娇弱的，其他众生也许会占她便宜，把她的功德夺去。能否请您只单单为她诵经超度，不要回向给其他的众生。"

禅师慨叹农夫的自私，但仍慈悲地开导："回转自己的功德以趋向他人，使每一众生均沾法益，是个很讨巧的修持法门。'回向'有回事向理、回因向果、回小向大的内容，就如一光不是只照耀一人，一光可以照耀大众，就如天上太阳一个，万物皆蒙照耀；一粒种子可以生长万千果实，你应该用你发心燃的这一根蜡烛，去引燃千千万万支的蜡烛，不仅光亮增加百千万倍，本身的这支蜡烛，并不因此而减少亮光。如果人人都能抱有如此观念，则我们微小的自身，常会因千千万万的回向，而蒙受很多的功德，何乐而不为呢？故我们佛教徒应该平等看待一切众生！"

农夫仍然顽固地说："这个教义虽然很好，但还是要请禅师为我破个例吧。我有一位邻居张小眼儿，他经常欺负我、害我，我恨死他了。所以，如果禅师能把他从一切有情众生中除去，那该有多好呀！"

禅师以严厉的口吻说道："既曰一切，何有除外？"

听了禅师的话，农夫更觉茫然，若有所失。

人性之自私、计较、狭隘，在这位农夫身上表露无遗。只要自己快乐，自己能有所得，根本不管他人的死活！殊不知别人都在受苦受难，自己怎能一个人独享呢？世间万物，都是有事理两面的事，事相上有多少、有差别，但在道理上则无多少、无差别，一切众生都是平等的。自私常会导致恶果，不肯和人一起分享只会让你失去更多。

有一个村庄坐落在海边，村民们平时务农，有时也到海里捕鱼。

一天，村里的一位渔夫带着儿子来到与海相通的大湖边。他想，这个湖既然与海相通，可能会有很多鱼，于是他就在湖边开始钓鱼。他刚把钓钩扔进湖里，就钩住一个很重的东西，用力拉也拉不动。"看来是钓到一条大鱼了！"他兴奋地想着，不过又想："这么大的一条鱼，如果把它钓起来，被别人看到的话，大家肯定都会到这里来钓鱼，那么湖里的鱼很快就会被别人钓完了，所以还是不要告诉别人的好。"

这位渔夫想了一会，便告诉儿子："你赶快回去告诉你妈妈，说爸爸钓到了一条很大的鱼，为了不让别人发现，要你妈妈想办法和村里的人吵架，吸引大家的注意力，这样就不会有人发现我钓到了一条大鱼。"

儿子很听话地跑回去告诉了妈妈，妈妈心想："只是和人吵架根本无法吸引全村所有人注意，我还是想点更好的办法吧。"于是她就把衣服剪出了很多洞，把儿子的衣服当帽子戴，还用墨把眼睛的周围擦得黑黑的，对于自己的扮相她很满意，便离开家在村子里走来走去。

邻居看到她，惊讶地说："你怎么变成这个样子，是不是发疯了？"

她便开始大吼大叫："我才没有发疯！你怎么可以这样侮辱我，我要抓你去村主任那里，我要叫村主任罚你的钱！"

村民们看到他们拉拉扯扯吵得很厉害，就都跟着来到村主任家，看看村主任如何判决。

村主任听完他们各自的说辞，便向渔夫的妻子说道："你的样子的确很奇怪，不论是谁看了都会问你是不是疯了，所以他不用受罚，该罚的是你！因为你故意打扮得怪模怪样还这样大吵大闹，严重扰乱了村民的生活。"

另一方面，湖边的渔夫在儿子跑回家之后，用力拉钓竿想把鱼拉上来，可是怎么拉也拉不动，他怕再用力会把鱼线拉断，便干脆脱光衣服跳进湖里去抓那条大鱼。

当他潜入湖里，仔细一看，才发现原来鱼钩是被湖底的树枝勾住，根本就不是钓到什么鱼！他非常地气恼，更为严重的后果是，当他伸手拨开树枝，不料钓钩反弹起来刺伤了他的眼睛！他强忍剧痛爬上岸来，又湿又冷，但是衣服又不知道什么时候被人偷走了，他只好光着身子沿路回村求救。

这对夫妻自私地想独占一湖的鱼，结果却弄得丈夫被刺伤，妻子要被罚钱，最后他们还一条鱼也没有得到，反而给人留下了笑柄。懂得分享的人，才能拥有一切，当你张开双手的时候，无限世界都是你的，如果你握紧拳头，你所能拥有的就只有掌心一点点的空间。过分在意自己的所有，不肯与人分享，无视他人处在困苦之中的人，终究也会被他人抛弃。

生活中，有很多只为自己活着的人，他们不肯为别人的生活提供便利，更不肯为别人放弃自己的一点点利益，认识这一点，在社交活动中才会少受伤害。

02 "互相利用"没有什么不好

尽管很多人不愿意承认，但很多时候人与人之间都是互相利用的关系，这并没有什么可耻的，人性中总有自私的一面，在为自己着想的同时，不损害他人的利益，甚至给他人带来好处，这未尝不是一件好事。

在一个伸手不见五指的夜晚，一个僧人行走在漆黑的道路上，因为夜太黑，僧人被路人撞了好几次。

为了赶路，他继续走着，突然看见有个人提着灯笼向他这边走过来，这时候旁边有人说："这个盲人真是奇怪，明明什么都看不见，每天晚上还打着灯笼。"

路人的话让僧人好是纳闷，盲人挑灯岂不多此一举？等那个提着灯笼的人走过来的时候，他便上前询问道："请问施主，老僧听说你什么都看不见，这是真的吗？"

那个人回答说"是的，我从一生下来就看不到任何东西，对我来说白天和黑夜是一样的，我甚至不知道灯光是什么样子！"

僧人十分迷惑地问："既然你什么都看不到，你为什么还要提着灯笼呢？难道是为了迷惑别人，不让别人知道你是盲人吗？"

盲人不慌不忙地说："不是这样的，我听别人说，每到晚上，人们都变成跟我一样了，什么都看不见；因为夜晚没有灯光，所以我就在晚上打着灯笼出来。"

僧人无限地感叹道："你真是会为人着想呀，你的心地真是善良！原来你完全是为了别人！"

盲人急着回答："不是，其实我是为了我自己！"

僧人一怔，非常惊讶，便不解地问道："为自己？怎么这么说呢？"

盲人答道："你刚才过来的时候，有没有人碰撞过你呀？"

僧人回答："有呀，就在刚才，我被好几个人不小心撞到了。"

盲人莞尔一笑，说："我是盲人，什么也看不见，但是我从来没有被别人碰撞过。知道为什么吗？因为我提着灯笼，灯笼照亮了我自己，这样他们就不会因为看不到我而撞到我了。"

盲人的想法很简单：点着灯笼照亮自己，免得被撞倒，甚至撞伤，这种想法听起来有点自私，但从另一个角度来看，他的"自私"不仅保护了自己，而且还帮助了别人，借着灯笼的光亮，路人走路时也方便了很多，这种互相"利用"得到的结果是互惠的。

安东尼·罗宾谈起华人首富李嘉诚时说："他有很多的哲学我非常喜欢。有一次，有人问李泽楷，他父亲教了他一些怎样成功赚钱的秘诀。

李泽楷说赚钱的方法他父亲什么也没有教，只教了他做人处世的道理。李嘉诚这样跟李泽楷说，假如他和别人合作，假如他拿七分合理，八分也可以，那李家拿六分就可以了。"

也就是说：他让别人多赚二分。所以每个人都知道，跟李嘉诚合作会赚到便宜，因此更多的人愿意和他合作。你想想看，虽然他只拿六分，但现在多了一百个人，他现在多拿多少分？假如拿八分的话，一百个会变成五个，结果是亏是赚可想而知。在台湾有一个建筑公司的老板，他从一万变一百亿台币的资产。他是怎么创业成功的？他在别家做总经理的时候，对老板说，假如他成功的话，他希望别人也成功。他给老板看一则报道，这则报道就是报道李嘉诚，然后在上面写着："七分合理，八分也可以，那我只拿六分。"同一套李嘉诚哲学，用在不同的人身上，之后他也从一个小员工成为价值二十五亿元人民币的董事长。所以，罗宾和任何人合作，一定用这样的思考模式，因此他的合作伙伴越来越多。

李嘉诚是个精明的生意人，而做生意都是以营利为目的的，赔钱的买卖没人愿做，与别人合作时，自己总是少拿二分，不是李嘉诚没有私心，而是他的生意手段太高明了！其他生意人因为和李嘉诚合作，每笔生意多赚了二分，但李嘉诚却因为少拿这二分而多赚了几百分，这种互相"利用"给双方都带来了好处，如果世界上能多一些这样的"利用"关系，那每个人都应该举双手赞成。

人类最大的财富正是资源的分享，在现实社会中，只要不是损人利己，在物竞天择的自然规律下，互相"利用"也可以是一种合理的行为，那是人际间互动形态的多元与多样的表现。世间的事情往往就是这样，利用别人可能是一个负面词汇，但如果你能把互相利用变成互利互惠，那么这个词也就有了正面的意义。

03 好心未必得到好报

人与人相处总免不了要互相帮忙，但也不是帮助对方越多越热情越好，因为很多时候好心也会变成驴肝肺，苏来就吃过这种亏。

苏来是个热情善良的女孩，毕业后顺利地进入一家大公司当上了"白领"，她工作认真，人缘也不错，尤其是和她们组里的一个女孩相处得非常好。她们的友情也不断深化，发展到了各自的私交圈子、对方的朋友也都十分熟悉。两人常拉上各自的男朋友一起逛街、郊游、野餐什么的。有时四个人还坐在一起搓麻将，公司里的其他同事都特别羡慕她们。

但这种融洽的关系却在有一天出现了难以弥合的裂痕，起因是公司里新来的副总经理。女孩从见到他第一眼起，就很不自然，副总经理也是，两人坐在那里，并不说话，却有一种微妙的气氛。下班时，女孩突然"消失"了，而平常她们都是一同坐车回家的，即便临时有事，也会先打个招呼。苏来问了门卫大爷，说女孩是和副总经理一同出去的。

第二天，女孩红肿着眼睛来上班。回家的时候，没等苏来问，她就主动和盘托出：副总经理是她大学时的同学，他们曾经谈过恋爱，后来因为副总经理毕业后去了美国，两人断了往来。副总经理经过一次失败的婚姻，再见女孩，有了和她重温旧情的想法。说着说着，女孩忍不住掉起了眼泪来。

苏来和这个女孩子就这个事情作了亲密的交谈，并劝她想清楚，别伤害了现在的男朋友。但是没想到，自从那次之后，女孩和她渐渐疏远，许是后悔让她知道了这个秘密。终于有一天，她开始在同事间放风，说苏来做事常常偷懒，完不成的任务都要她帮她顶着。苏来觉得委屈极了，自己并没有得罪过她，在她伤心的时候还好心安慰过她，没想到她竟反过来咬人。常听有人呼吁"朋友间要保持点距离"，这样做不仅可以保持新鲜感，还可以避免交往过密。和人交往过密，就会对对方知根知底，这样一来万一风向有变，你就会成为他的重点防范对象。所以对方的隐私，对方的伤心史能不听就别听，更不要滥施你的情感，你同情他，说不定他转眼间就会为自己的一时脆弱而后悔，甚至转而恨你、害你。

沈明的遭遇比苏来更惨，苏来不过是被诽谤，而沈明的好心，却差点换来牢狱之灾。2006 年 3 月沈明从某国企下岗了，于是他就找了当地的一家汽车加油站上班，他的工作是会计，老板对他相当不错，出纳张某更是拉着他称兄道弟。沈明对这份工作满意极了，一段时间后，他和张某越来越熟悉，两人常在一起吃吃喝喝，有一次两人洗浴时，张某半开玩笑地说了一句："其实弄点钱是很容易的，你想如果咱哥俩儿联手，那钱还不像流水一样啊！"沈明当时回了他一句"别开玩笑了！"以后张某没再提起过这件事。但沈明却起了疑心，一次他翻了翻以前的账目，发现有不对劲的地方，他考虑了再三，就把张某约了出来，问他到底是怎么回事，并要将这件事告诉老板。张某一听，吓得哭了，他跪在地上求沈明高抬贵手，并表示将筹点钱，把账补上，沈明当时心就软了，自己要是现在告诉老板，那张某非得进监狱不可，还是给他个机会吧！一个星期、两个星期……每次催张某，张某就说自己正在筹钱，沈明正着急时，这边就东窗事发了：老板请人查账时发现了张某贪污的痕迹，警察带走了正准备举家外逃的张某，还有一脸惊慌的沈明，因为张某一口咬定沈明收了他的钱才没检举他。

就这样沈明又惊又怒又怕地在看守所蹲了四天才被放出来，这场虚惊倒给沈明一个教训：那就是好心也不能滥用。

生活中，热心肠的人通常人缘好，但常常是热心肠的人容易上当、受骗、吃亏。因为热心肠的人对谁都没有戒心，总是摆出一副"哪里有难哪有我"的样子，因此常被人抓来利用。比如在这个故事里，沈明明知道张某犯的是贪污的大罪，还好心地想给他"悔改"的机会，结果张某被抓就气不过地拉沈明"垫背"。我们再设想一下，假如张某把钱还上，沈明帮他把这件事掩饰过去了又会怎么样？开始张某自然会对沈明千恩万谢，但过一段时间张某就会忐忑不安，担心沈明把事情说出去，再然后他就会想办法暗算沈明，把他踢走，让心里的石头落地。所以，千万不要对一些违反原则的人付出你的热心，那样做必定会伤害到你自己。

热心帮助别人会使人与人之间的关系更加融洽，但前提是要选对人、分清事，别稀里糊涂地卷进是非里。

04　并非每个人都懂得感恩

生活中你为别人做了好事有时候却难得到真诚的感恩，如果你每付出一点都希望得到别人的感激的话，那你将惹来无尽的烦恼。

吕女士认为自己太倒霉，总是遇上忘恩负义的白眼狼，先说她的先生。先生是搞科研的，为了工作常常是废寝忘食，家务活一点儿也指望不上，为了支持先生的工作，吕女士一狠心，就把工作辞了，回到家里来当了个全职主妇。这个牺牲够伟大的吧，但先生却似乎一点也没有被感动，还反过来指责吕女士越来越俗气了。

再说，二号楼那对小夫妻，他们之所以能在一起，那全是吕女士的功劳，红线是她牵的，矛盾是她调解的，两家父母闹意见还是她劝解开的，结果呢，这对小夫妻有了矛盾就来找"吕姨"，而没事的时候就把吕女士丢在一边。吕女士一想起这事儿，就气不打一处来，但更可气的还在后头呢。今年春天的时候，丈夫的一个远亲的孩子要跨学期转学，因为知道吕女士有点门路，所以就千求万请的，碍于情面吕女士只好披挂上阵，没想到接收学校的管理太严格，吕女士费尽千辛万苦，求爷爷、告奶奶的折腾了几天事情也没办妥；而那位亲戚一听事儿没办成，脸立刻拉了下来，对吕女士的苦心没有半句感谢。不仅如此，那位亲戚还到处说吕女士虚情假意，不地道。吕女士不但没得到感激，还落了一身不是，她这一气就病了一场，病好后，她逢人就说："现在的人都是狼心狗肺，以后啊就自己管自己，别人的事儿啊我再也不跟着瞎忙了！"

　　吕女士的委屈确实可以理解，她热情地付出，热心地帮助别人，但她的努力似乎都白费了，她没有得到任何一个人的感恩。但是从另外一个角度再想一下，如果我们每个人每天的生活都在仰赖着他人的奉献，那么，在抱怨别人不知感恩的时候，我们向帮助过自己的人表达感激之情了吗？吕女士如果仔细想一下就会知道了，生活中也曾有许多人曾经给过她无私的帮助，只是她忘记了这一点。

　　世界上最大的悲剧就是一个人大言不惭地说："没有人给过我任何东西！"有这种论调的人，他的灵魂一定是贫乏的。人们总是这样，对怨恨十分敏感，对恩义却感觉迟钝，所以下一次当你要怨恨别人的忘恩负义时，先想想自己是否做好了这一点。

　　老姜是个小肚鸡肠的人，至少邻居们都这么说，他帮人做一点事，就得意得不得了，人前总要提几次，人家要是忘了说谢谢，他就得生气几天。可是如果是人家帮助了他，他就会患上一种健忘症，事情一办成，立刻就把办事的人忘了个一干二净。前两天，田先生就被他给气坏了。老姜的一个亲戚来找老姜，说想要去农村收购出口山菜，但是得找一个进出口公司接收，亲戚问老姜有没有这方面的门路。老姜一想，三楼B门的田先生不就是在进出口公司上班吗？于是他就让亲戚回家等着，自己买了两瓶酒就去找田先生，田先生见是街坊来求自己就尽心尽力地把这事办成了。事一办成老姜立刻就像变了一个人一样，看到田先生就趾高气扬地喊一声"小田！"对山菜合同的事竟提也不提，回头还对街坊吹嘘自己神通广大，田先生被气得几天吃不下饭，一提老姜就一肚子火。

　　其实生活中像老姜这样的人并不少见，他们有时会有人庇佑，而威风一时。不过由于此类人多半专横、自私，只知从别人身上得到好处，却不知回馈，而不受欢迎，短视近利的后果，往往令帮助他的人感到失望，不再给予支持。这类人多半自以为是，从不考虑自己的责任，老是认为别人在算计他，对他不怀好意，想要陷害他。

消极的心态会使这类人离开对他有利的人，而和同类型的人在一起，然后逐渐深陷其中而无法自拔。

大多数人都是这样：只注意到自己需要什么，却忽略了这些东西是从哪里来的。所以抱怨别人的不知感恩，还不如先培养自己感恩的心。不要总计较别人欠你多少，在你以自己的成功为荣时，也应该先想想自己从别人那里接受的有多少。

05　学会对待别人背后踢你一脚的恶行

生活中，我们有时难免会碰到一些心存恶意的人，他们会不由分说就抓你几把，踢你一脚，不要憎恨他们，因为有时候这种伤害会成为你成功的动力。

在东方一个美丽的国家里，国王唯一的女儿已经到了适婚的年龄，但却一直没有找到意中人，国王为此十分着急，终于公主提出了自己的择婿条件：他必须是全国最勇敢的年轻人！

于是国王就决定通过比赛来招亲。比赛招亲规定：以城外一百米为起点，第一个跑过五十米平地和游过五十米护城河的便是冠军。冠军者，可任选"良田万亩"、"黄金万两"或"招为驸马"。

一声令下，成千上万的勇士们如脱缰野马般往前跑，跑到护城河边，眼前的景象让所有人目瞪口呆：几百条鳄鱼在河里张牙舞爪地游着！

一分钟、二分钟、三分钟，没有一个人往下跳，五分钟过去了，场上还是寂静无声。正当大家无比失望之际，就听扑通一声，一名男子在池中拼死前游。国王兴奋地大呼："加油！加油！"所有在场的人也放开喉咙为勇士喝彩。

奇迹出现了：小伙子可以说是九死一生，但居然游过了护城河。

小伙子的勇敢震慑了所有的人，国王激动得紧紧握住了小伙子的手。丞相则毕恭毕敬地对小伙子说："年轻的勇士，你可以任意选择国王为你而设的三个奖项，请问，你想要良田万亩吗？"小伙子拼命地摇头。丞相又问："那你是想要黄金万两吧？"小伙子头摇得更厉害了。丞相笑了："年轻的勇士，你不但拥有神将般的勇气，而且还拥有上帝般的智慧，你一定是选择第三条，要做我国的驸马爷。那么，你不但可以有良田万亩黄金万两，同时还可以得到世上最美丽的妻子。是吗？"

气喘吁吁的小伙子，费力地挺了挺身子，哑着声音说："不！"全场的人都愣住了，小伙子接着转过身，向丞相大吼："刚才是哪个王八蛋把我踢下水去的？！"

这个故事的结尾似乎有点可笑：唯一的一个"勇敢者"，是因为被人踢了一脚才游过护城河的。这个让他愤怒至极的意外，却帮他成了大英雄。故事中那个"勇敢"的小伙子如果真当了驸马，那他就应该感谢那个踢他下水的"王八蛋"才是，因为正是那一脚给了他机会和勇气。而中国最早的一批个体户能发家致富，应该感谢当时社会对他们的歧视；孟子能成名，则要感谢三迁的严母；万科放弃多元化，集中搞"房地产"获得成功，应该多感谢"逼宫"的君安。因为如果没有人踢你那一脚，你也就没有勇气跳进满是"鳄鱼"的"护城河"，更不可能摘到胜利的果实。

生活中，常听到有人抱怨，"这件事本来可以做好的，怎么会失败了呢？"这样抱怨的人在做事的时候一定是怀着这样的想法：这件事即使做不好也没关系，我还可以……正是因为你给自己留了后路，做起事来才不会全力以赴，如果当时有人狠狠地"踢"你一脚的话，你就会不顾一切奋勇向前了。

有一家人住在一所破旧的房子里，一天晚上，一个和他们有仇的人用火点着了他们的房子，一家人毫无损伤，但房子却烧了个一干二净，而冬天马上就要到了。看着家人难过的样子，父亲很快振作了起来。"大家一起动手吧！我们要尽快住进新房子里。"

在一家人的努力下，房子很快盖好了。圣诞夜大家坐在又大又暖的新房子里吃晚餐，这时父亲说："让我们一起为点火烧我们旧房子的人祈祷吧！如果没有他，我们现在还住在透风的旧房子里呢！"

当这家人还有旧房子住的时候，他们可能也考虑过建新房子的问题，只不过惰性使他们搁置下了这个问题，房子被烧之后，拆不拆旧房子的顾虑和建不建新房子的犹豫一下子就没有了。

一无所有时，也就没有了选择的犹豫，没有了再固守现状的可能，你唯一需要做的，唯一能做的就是勇往直前，做到最好。

希望在每个关键时刻，都有一个"王八蛋"来狠狠踢你一脚，帮你大胆地迈开步子，走向你渴望已久的成功。

第四章　取"大"舍"小"

不要小瞧你所遇到的任何人

◆————————————————————

有的人你看到了他的今天，但却无法预料他的明天；
有的人看起来不起眼，但却可能是深藏不露的高人；
有的人只是没权没势的小人物，但有时却能起到关
键性的作用……所以不要小瞧任何人，每个人都有
他的独特之处、聪明之处，小瞧别人说不定什么时
候你就会吃大亏，如果你能够做到待人谦和、敬人
如师，凡事高看，"大"看别人一眼，那你的人生
路上就会少几分阻力，多几分顺畅。

01 不要单以相貌衡量他人

一些人很不起眼，甚至有某方面缺陷，但这样的人未必就会成为生活中的失败者，他们往往生活得更好、事业更成功！

美国最受爱戴的总统罗斯福 8 岁时，他的身体虚弱到了极点，呆钝的目光，露着惊讶的神色，牙齿暴露唇外，不时地喘息着。学校里的老师，唤他起来读课文，他便颤巍巍地站起，嘴唇翕张，吐音含糊而不连贯，然后颓然坐下，生气全无，真是低能儿童的典型。老师虽然很同情他，却也认为他这一辈子大概只能这样度过：神经过敏，如果稍受刺激，情绪便受影响，处处恐惧畏缩，不喜欢交际，顾影自怜，毫无生趣。然而事实是怎样的呢？罗斯福渐渐地克服了自己的缺点，在他进入大学之前，他已是人们乐于接近，一个精神饱满、体力充沛的青年了。他经常在假期中到亚烈拉去追逐野牛，到落基山去狩猎巨熊，到非洲大陆去猎狮子。后来他又胜任了军队的艰苦生活，带领马队，在与西班牙的战争中，功绩显赫。他的老师和同学恐怕做梦也想不到那个畏畏缩缩的低能儿，最后竟然成为美国历史上最伟大的总统之一。

有一句老话叫"人不可貌相，海水不可斗量"，单看一个人的外貌就断定他是否有前途，是一件愚蠢的事。比如名模吕燕，她虽然身材高挑，面孔却很难称得上"靓丽"——细眉、眯眯眼、宽鼻、厚嘴唇。她刚出道时，一些模特经纪公司拒绝和她签约，认为她的容貌难登大雅之堂，吃不了模特这碗饭，但最后吕燕却成了世界名模。生活中，总有人喜欢以貌取人，小看那些外表上有缺憾的人，其实缺憾有时也是一种动力，能帮助他们更快地走向成功。

许多人喜欢看 NBA 的夏洛特黄蜂队打球，特别喜欢看 1 号博格士，他的身高只有 1.6 米，在东方人里也算矮子，更不用说在即使身高 2 米都嫌矮的 NBA 了。

据说博格士不仅是现在 NBA 里最矮的球员，也是 NBA 有史以来破纪录的矮子。但这个矮子可不简单，他是 NBA 表现最杰出、失误最少的后卫之一，不仅控球一流，远投精准，甚至在高个队员中带球上篮也毫无所惧。

每次看到博格士像一只小黄蜂一样，满场飞奔，心里总忍不住赞叹。其实他不只安慰了天下身材矮小而酷爱篮球者的心。

博格士是不是天生的好手呢？当然不是，他凭借的是意志与苦练。

博格士从小就非常热爱篮球，几乎天天都和同伴在篮球场上玩耍。当时他就梦想有一天可以去打 NBA，因为 NBA 的球员不只是待遇奇高，而且也享有风光的社会评价，是所有爱打篮球的美国少年最向往的梦。

每次博格士告诉他的同伴："我长大后要去打 NBA。"所有听到他的话的人都忍不住哈哈大笑，甚至有人笑倒在地上，因为他们"认定"一个 1.6 米的矮子是绝不可能到 NBA 去打球。

在别人的讽刺声中，博格士的球艺却突飞猛进，最后终于成为全能的篮球运动员，也成为最佳的控球后卫。他充分利用自己矮小的优势：

行动灵活迅速，像一颗子弹一样；运球的重心偏低，不会失误；个子小不引人注意，抄球常常得手。原来看不起博格士的那些人，最后都成了他的忠实球迷。

1.6 米的身高，对一个球员来说确实是一个很严重的缺憾，因此当博格士说出想去 NBA 打球的愿望时，遭到了众人的嘲笑。但博格士却没有理会这些刺耳的声音，反而更加勤于练球，终于成了一代篮球巨星，他的缺憾也成了他的长处。博格士的经历告诉我们：人有无穷潜力，当他潜心去做一件事时，他就有可能战胜自身的缺憾，取得成功。

有人说了个形象的比喻：每个人都是上帝亲手从树上摘下的苹果，但每个人都不太完美，因为有的被摔伤了，有的被上帝咬了一口，那么有缺憾的人一定是上帝最喜爱的人，因为它咬了大大的一口，上帝很公平，有缺憾的人常常是内在最丰富的人，因此千万不要小瞧他们，他们都是上帝的宠儿。

02 不要看轻所谓的失败者

很多人都瞧不起失败者，认为只有成功的人才值得尊敬，但事实上根本就没有所谓的失败者，他们只不过没有找到适合自己的路而已。

看看这些人，他们都曾经是人们眼中的失败者：著名诗人济慈本来是学医的，在医学院里他的成绩非常差，常常受到同事的嘲笑。但后来他发现自己有写诗的才能，就放弃了学医，把自己的整个生命都投入写诗当中。虽然他只活了二十几岁，但却为人类留下了许多不朽的诗篇；马克思年轻时，曾是一名诗人，但他写出来的诗却被人称为"胡闹的东西"，幸好很快他就发现了自己的长处，便放弃了做个诗人的梦想，转到社区担任合唱演员，但却常常跟不上拍子，几次受到剧团成员的嘲弄，他也明白了自己并没有唱歌的天赋，于是就退出合唱队，投身于写作，结果成了著名的学者。如果他们没有找到适合自己的路，那他们就会成为人们口中的庸医，恶俗诗人和三流演员。

不要看轻失败者，每个生命都具有生存的力量，每个生命也都有自我发展的空间。

在求学的道路上，派瑞斯一直遭遇失败与打击，高中时的老师还曾经对他的母亲说："派瑞斯恐怕不适合读书，他的理解能力实在太差了。说实话，我都想不出这孩子将来能做什么。"

派瑞斯的母亲听见老师这么说，非常伤心失望，她带着派瑞斯回家，决定要靠自己的力量，好好地培养他成材。

但是，不管母子俩怎么努力，派瑞斯对于读书实在有心无力，但孝顺的他为了安慰母亲，即使读得再吃力，也从来没有放弃过。

这天，读得心烦的派瑞斯，路过一家正在装修的超市，发现有个人正在超市门前雕刻一件艺术品。

没想到，派瑞斯这一看居然看得出神，停下脚步好奇而用心地观赏着，且产生了无比的兴趣。

此后，母亲发现派瑞斯只要看到一些木头或石头，便会认真而仔细地按照自己的想法去打磨、塑造，但是对于读书一事，却开始放弃了。

母亲着急地劝他，最后派瑞斯不得不听从母亲的叮咛继续读书，只是已经着迷于雕刻世界的他，却一直无法放下手中的雕刻刀。

最终还是让母亲彻底失望了，当落榜通知单寄到家中，母亲对他说："你走自己的路吧！你已经长大了，没有人必须再为你负责。"昔日的同学也都讽刺他说："废物就是废物，怎么样扶他也站不住的！"

派瑞斯知道，自己在母亲和所有人的眼中都是个彻底的失败者，他在难过之余做了最后决定，要远走他乡，寻找自己的未来。

许多年后，有座城市为了纪念一位名人，决定在市政府门前广场上放置名人的雕像，当地的雕塑师纷纷献上自己的作品，希望自己的大名也能与这位名人联系在一起。

但是，最后评选的结果，却是一位远道而来的雕塑师胜出。

在落成仪式上，这位雕塑大师发表了讲话："我想把这件雕塑作品献给我的母亲，因为，我读书时无法实现她的期望，我的失败更令她伤心失望过。但是，现在我想告她，虽然大学里没有我的位置，可是，现在我总算找到了一个成功的位置。母亲，今天的我绝对不会让您失望了。"

原来这位雕塑大师竟然是派瑞斯，他的同学和领导都惊讶得目瞪口呆，说不出话来，而站在人群中的母亲更是喜极而泣，她终于明白了，儿子原来并不笨，只不过是一直没有找到一条适合自己的路。

当派瑞斯的同学放肆地嘲弄他时，他们一定没想到"废物"竟然会变成雕塑大师，当派瑞斯的母亲让儿子去走自己的路的时候，她实际上已经放弃了他，认为他这一辈子也不会有什么出息。但派瑞斯却出人预料地取得了成功。其实这世界原本就会有属于每一个人站立的位置，适合每一个人走的路，只不过有人很幸运地一下子找到了，有人还在跌跌撞撞地摸索而已。

不要小瞧任何人，即使是失败者，因为说不定什么时候他们就会出人预料地获得成功。

03　雪中送炭者必有厚报

两个贫苦的好朋友同一时间死去了，上帝让甲上天堂、乙去地狱，乙喊道："为什么这么不公平？"上帝回答他："你也许还记得，有一天你们一起赶路，遇到了一个死去的人，甲把他埋了起来，你却没有动手！"

人们都乐于锦上添花，却很少有人愿意做雪中送炭的事。锦上添花是在攀附贵人，日后必定好处多多；而雪中送炭是帮助弱势的人，可帮助他们有什么用处呢？这种想法实在是大错特错，因为那些看起来不起眼的人说不定什么时候就会帮上你大忙！

一对待人极好的夫妇不幸下岗了，不过在朋友、亲属以及街坊邻居们的帮助下，他们在小城新兴的一条商业街边开起了一家火锅店。

刚开张的火锅店生意清冷，全靠朋友和街坊照顾才得以维持。但不出三个月，夫妇俩便以待人热忱、收费公道而赢得了大批的"回头客"，火锅店的生意也一天一天地好起来。

几乎每到吃饭的时间，小城里行乞的七八个大小乞丐，都会成群结队地到他们的火锅店来行乞。

夫妇俩总是以宽容平和的态度对待这些乞丐，从不呵斥辱骂。其他店主，则对这些乞丐连撵带轰，一副讨厌至极的表情。而这夫妇俩则每次都会笑呵呵地给这些肮脏邋遢、令人厌恶的乞丐盛满热饭热菜。最让人感动的是夫妇俩施舍给乞丐们的饭菜，都是从厨房里盛来的新鲜饭菜，并不是那些顾客用过的残汤剩饭。他们给乞丐盛饭时，表情和神态十分自然，丝毫没有做作之态，就像他们所做的这一切原本就是分内的事情一样，正如佛家禅语所说的，这是一对"善心如水的夫妻"。

日子就这样一天一天地过着，一天深夜，附近的一家服装店里突然燃起了大火，火势很快便向火锅店窜来。

这一天，恰巧丈夫去外地进货，店里只留下女主人照看。一无力气二无帮手的女店主，眼看辛苦张罗起来的火锅店就要被熊熊大火所吞没，着急万分之时，只见那班平常天天上门乞讨的乞丐，不知从哪里钻了出来，在老乞丐的率领下，冒着生命危险将那一个个笨重的液化气罐马不停蹄地搬运到了安全地段。紧接着，他们又冲进马上要被大火包围的店内，将那些易燃物品也全都搬了出来。消防车很快开来了，火锅店由于抢救及时，虽然也遭受了一点小小的损失，但最终给保住了。而周围的那些店铺，却因为得不到及时的救助，货物早已烧得精光。

在平常人看来，帮助一群乞丐有什么用呢？没钱、没权，而且很难有翻身的时候，但这对夫妇却没有这样想，他们不求回报地热心帮助这群乞丐，结果当遇到火灾时，乞丐们也不顾一切地帮助他们，别人的店铺都烧光了，火锅店却只受了一点点损失，夫妻俩对乞丐们无私的帮助得到了他们最真诚的回报。

人们总是瞧不起落泊的人，不愿做雪中送炭的事，在他们方便的时候也只是帮弱势者做一点点小事，可这一点点小事，他们就可以获得丰厚的回报。

一个刮着北风的寒冷夜晚，路边的一间旅馆迎来了一对上了年纪的客人，他们的衣着简朴而单薄，看来他们非常需要一个温暖的房间和一杯热水，但不幸的是这间小旅店早就满了！领班罗比看了他们一眼，冷冷地说："这里没有多余的房间了，快走吧！"

"这已是我们寻找的第 16 家旅社了，这鬼天气，到处客满，我们怎么办呢？"这对老夫妻望着店外阴冷的夜晚发愁。

店里的一个小伙计不忍心这对老年客人受冻，便建议说："如果你们不嫌弃的话，今晚就住在我的床铺上吧，我自己打烊时在店堂打个地铺。"

老年夫妻非常感激，第二天要付客房费，小伙计坚决拒绝了。临走时，老年夫妻开玩笑似的说："你经营旅店的才能真够得上当一家五星级酒店的总经理。"

"那敢情好！起码收入多些可以养活我的老母亲。"小伙计随口应和道，哈哈一笑。

没想到两年后的一天，小伙计收到一封寄自纽约的来信，信中夹有一张来回纽约的双程机票，信中邀请他去拜访当年那对睡他床铺的老夫妻。

小伙计来到繁华的大都市纽约，老年夫妻把小伙计引到第五大街 34 街交汇处，指着那儿一幢摩天大楼说："这是一座专门为你兴建的五星级宾馆，现在我们正式邀请你来当总经理。"

年轻的小伙计因为一次举手之劳的助人行为，美梦成真。这就是著名的奥斯多利亚大饭店经理乔治·波非特和他的恩人威廉先生一家的真实故事。

还记得韩信和漂母的故事吗？韩信落泊之时，人人都嘲笑他，只有漂母把自己的饭分给他吃。后来，人们眼中的"无用小子"变成了大将军，他以千金回报了漂母的一饭之恩。很多人都热衷于结交富有的人，而鄙视穷困的人，这种做法真的很不可取。

无论如何，帮助别人总是一件不错的事，帮助别人有时就是在帮助你自己，而且，如果你能摒弃势利的想法，就会发现，雪中送炭比锦上添花更能让你快乐，更能让你有满足感。

04 不要小看小人物的力量

能帮助你的人，未必是地位尊崇，高高在上的人，《红楼梦》中，贾芸不就是靠借"泼皮"倪二的银子，才买了香料去讨好"琏二奶奶"的吗？生活中也是这样，我们有多少机会能接触到那些高官显贵呢？很多时候，能帮你的人往往是一些不起眼的小人物，所以千万不要瞧不起小人物。

一个年轻人大学毕业后进入了一间律师事务所，成为那里最年轻的一名律师。但很快他就发现自己的处境很不妙：他清楚法律文书写作的全部程序，但却无法写得精彩；他没有实际经验，也不知道怎样和当事人沟通，在这里每个人都忙着自己的事，没人愿意帮助他，指导他……

有一天接近深夜的时候，他还在一个人加班，突然大嗓门的保安没敲门就闯了进来，"你怎么还不走啊！快点快点，巡完楼层我还得睡觉呢！"

年轻的律师很生气，"我在加班，你没看到吗？你以为我喜欢这样加班吗？"他越说越激动，竟然把自己的烦心事儿全说了出来，保安看了他一眼，没说话就出去了。过了几天，他乘电梯时遇到了经理，而那个保安也在电梯里。保安看了他一眼，突然转过脸，无所顾忌地对经理说："怎么搞的，我怎么总碰见这个小伙子在深夜加班呀！你干吗不找个熟手带带他，让他自己瞎琢磨什么用啊！"年轻的律师简直惊呆了，他惊慌地朝经理看去，经理也正看着他。"让我想想！"经理自言自语地说了一句。第二天，经理让他去给一个资深律师当助手，并勉励他好好做，两年后，他已经可以独当一面了。他由衷地感谢那个粗野的保安，是他帮了他一个大忙。

保安只是一个小人物，但他却能仗义执言，帮年轻的律师摆脱了困境，可见一些不起眼的小人物在关键时刻也能起到重要作用。

再让我们看看这个故事：杰克·伦敦的童年，贫穷而不幸。14岁那年，他借钱买了一条小船，开始偷捕牡蛎。可是，不久之后就被水上巡逻队抓住，被罚去做劳工。杰克·伦敦找机会逃了出来，从此便走上了流浪水手的道路。

两年以后，杰克·伦敦随着姐夫一起来到阿拉斯加，加入淘金者的队伍。在淘金者中，他结识了不少朋友。他这些朋友中三教九流什么都有，而大多数是美国的劳苦人民，虽然生活困苦，但是在他们的言行举止中充满了生命的活力。

杰克·伦敦的朋友中有一位叫坎里南的中年人，他来自芝加哥，他的辛酸历史可以写成一部厚厚的书。杰克·伦敦听他的故事经常潸然泪下，而这更加坚定了杰克·伦敦心中的一个目标：写作，写淘金者的生活。

在坎里南的帮助下，杰克·伦敦利用休息的时间看书、学习。1899年，23岁的杰克·伦敦写出了处女作《给猎人》，接着又出版了小说集《狼之子》。这些作品都是以淘金工人的辛酸生活为主题的，因此，赢得了广大中下层人士的喜爱。

杰克·伦敦渐渐走上了成功的道路，他著作的畅销也给他带来了巨额的财富。

刚开始的时候，杰克·伦敦并没有忘记与他同甘苦共患难的淘金工人们，正是他们的生活给了他灵感与素材。他经常去看望他的穷朋友们，一起聊天，一起喝酒，回忆以往的岁月。

但是后来，杰克·伦敦的钱越来越多，他对于钱也越来越看重。他甚至公开声明他只是为了钱才写作。他开始过起豪华奢侈的生活，而且大肆地挥霍。与此同时，他也渐渐地忘记了那些穷朋友们。

有一次，坎里南来芝加哥看望杰克·伦敦，可杰克·伦敦只是忙于应酬各式各样的聚会、酒宴和修建他的别墅，对坎里南不理不睬，一个星期中坎里南只见了他两面。

坎里南头也不回地走了。同时，杰克·伦敦的淘金朋友们也永远地从他的身边离开了。

离开了生活，离开了写作的源泉，杰克·伦敦的思维日渐枯竭，他再也写不出一部像样的著作了。于是，1916年11月22日，处于精神和金钱危机中的杰克·伦敦在自己的寓所里用一把左轮手枪结束了一生。

杰克·伦敦成名了，就开始瞧不起那些生活在社会底层的人，结果使自己陷入无助之中，最后用手枪结束了自己的生命。杰克·伦敦的经历告诉我们：永远不要瞧不起地位卑微的朋友，多结交一个朋友就多一条路，离开他们，你也许就会一无所有。

地位只是一个人身份、权力的象征，如果你把它看得太重，就会失去许多朋友、帮手。人生路上，你需要各种各样的朋友来帮助你，包括地位卑微的朋友。

05 看人时不要只看短处

一个哲学家坐船过河，他问船夫："你懂得哲学吗？"船夫摇摇头。"那你看过斯宾诺莎的书吗？"船夫又摇摇头，哲学家轻蔑地看了船夫一眼，"那你就失去了活着的乐趣。"不一会儿，船突然要沉了，哲学家惊慌地乱叫。船夫问"你会游泳吗？先生。"哲学家摇摇头，船夫笑了，"那么，你将失去活着的权利！"

　　每个人都有各自的特点，有自己的长处，也有自己的短处。不能因为别人在某方面不如你就瞧不起对方，小瞧人的人，常常不如人。

　　皇帝的御橱里有两只罐子，一只是陶的，另一只是铁的。骄傲的铁罐瞧不起陶罐，常常奚落它。

　　"你敢碰我吗，陶罐子？"铁罐傲慢地问。

　　"不敢，铁罐兄弟。"谦虚的陶罐回答说。

　　"我就知道你不敢，懦弱的东西！"铁罐说着，显出了更加轻蔑的神气。

　　"我确实不敢碰你，但不能叫做懦弱。"陶罐争辩说，"我们生来的任务就是盛东西，并不是用来互相撞碰的。在完成我们的本职任务方面，我不见得比你差。再说……"

　　"住嘴！"铁罐愤怒地说，"你怎么敢和我相提并论！你等着吧，要不了几天，你就会破成碎片，消灭了，我却永远在这里，什么也不怕。"

　　"何必这样说呢，"陶罐说，"我们还是和睦相处的好，吵什么呢！"

　　"和你在一起我感到羞耻，你算什么东西！"铁罐说，"我们走着瞧吧，总有一天，我要把你碰成碎片！"

　　陶罐不再理会。

　　时间过去了，世界上发生了许多事情，皇朝覆灭了，宫殿倒塌了，两只罐子被遗落在荒凉的场地上。历史在它们的上面积满了渣滓和尘土，一个世纪连着一个世纪。

　　许多年以后的一天，人们来到这里，掘开厚厚的堆积物，发现了那只陶罐。

　　"哟，这里有一只罐子！"一个人惊讶地说。

"真的，一只陶罐！"其他的人说，都高兴地叫了起来。

大家把陶罐捧起，把它身上的泥土刷掉，擦洗干净，和当年在御橱的时候完全一样，朴素、美观，毫光可鉴。

"一只多美的陶罐！"一个人说，"小心点，千万别把它弄破了，这是古代的东西，很有价值的。"

"谢谢你们！"陶罐兴奋地说，"我的兄弟铁罐就在我的旁边，请你们把它掘出来吧，它一定闷得够受的了。"

人们立即动手，翻来覆去，把土都掘遍了。但一点铁罐的影子也没有。——它，不知道什么年代，已经完全氧化，早就无踪无影了。

铁罐确实比陶罐结实，这是它的长处，只不过铁罐只看到了自己的长处，却没有看到陶罐的长处：美观，可以丝毫无损地保存上千年。它瞧不起陶罐，奚落陶罐，但结果呢？陶罐历经千年不朽，它却因为被氧化而无影无踪，难怪俗语说："小瞧人，不如人。"

美国有一个拳手叫汤姆·弗基，刚入道的时候他还只有 20 岁，那正是个年轻气盛的年龄。凭着出拳有力，步法灵活的特点，他已经连续取得了几场比赛的胜利，于是他变得得意起来，认为自己与拳王的距离已经越来越近了，对一些不太出名的拳手更是看不进眼里。有一次，经纪人安排他和一个叫马卡·里乔的拳手打一场，马卡至少打了 9 年拳了，但却成绩平平，而且 36 岁的他早已过了拳击手最好的年龄。这使汤姆有种受辱的感觉，他扬言只要 3 回合就可以"放倒那个老家伙！"

比赛开始了，汤姆一上场就发起一轮暴风雨式的进攻，左勾拳，右勾拳，打得虎虎生风，马卡并没有主动进攻，只是不停地躲闪，台下叫好声一片，汤姆更得意了，他认为马卡实在不堪一击，但就在这一回合结束的前几秒钟，马卡突然出了一记重拳，汤姆竟然被击倒在地，汤姆认为是自己太大意了，下场一定要给对方点颜色看看。休息时，他的教练告诉他，马卡是一个很难缠的对手，让他一定要小心。但一上场，汤姆就把教练的警告扔在脑后，结果汤姆一直没能打倒对手，两人打满了 12 回合，汤姆侥幸以点数取胜。然而这并不是什么光彩的胜利，汤姆付出了巨大的代价：眼角撕裂，两个指节骨折。事后仔细想一想自己实在不该小瞧马卡，他虽然年纪大了，但经验却要比自己多上很多。他打起拳来有策略，不像自己一样蛮干，他会保护自己，他有清醒的判断力……自己能够取胜，实在是一件侥幸的事，马卡给了汤姆一个很好的教训；从此汤姆再也不敢小看任何一个拳手，无论是新人还是老将。因为他知道每个人都有自己的不凡之处，小看了他，你就会吃大亏。

生活中，很多人也都容易犯汤姆的错误，能看到自己的长处，而看别人时却只能看到短处，这是一件很遗憾的事，小看别人就会使你做出错误的判断，做起事来就容易落败甚至沦为别人的笑柄，就像汤姆·弗基一样。

小瞧别人的心理，是你成功的一大障碍，你应该常常提醒自己：千万不要看轻任何人，你未必就比人强！

第五章　取留舍损

给人留面子自己才会有面子

许多人可以吃暗亏，也可以吃明亏，但就是吃不下
"面子"亏。所以，在人际交往中，你要是不顾别
人的面子行事，总有一天会大吃苦头。因此，有时
候就要宁可自己损些颜面，也尽量不让别人下不来
台。当你以原有的做人方法走得不那么顺畅时，从
"面子"问题上找原因，也许就会走出一条新路来。

01 先给别人面子自己才有面子

一般来说，人们都很不情愿接受别人指手画脚的命令，因为这容易激起他们的逆反心理，让他们觉得自己没面子，以致事情走向你所希望的反面。而若是从对方的立场出发，将他的思路引导到你的思路上来，让他站到你所搭建的舞台上，往往会更容易达到自己的目的。

著名的牧师约翰·古德诺在他的著作《如何把人变成黄金》中举了这样一个例子：

多年来，作为消遣，我常常在离家不远的公园散步、骑马，我很喜欢橡树，所以每当我看见小橡树和灌木被不小心引起的火烧死，就非常痛心，这些火不是粗心的吸烟者引起，它们大多是那些到公园里体验土著人生活的游人引起，他们在树下烹饪而烧着了树。火势有时候很猛，需要消防队才能扑灭。

在公园边上有一个布告牌警告说：凡引起火灾的人会受到罚款甚至拘禁。

但是，这个布告竖在一个人们很难看到的地方，儿童更是不能看到它。有一位骑马的警察负责保护公园，但他很不尽职，火仍然常常蔓延。

有一次，我跑到一个警察那里，告诉他有一处着火了，而且蔓延得很快，我要求他通知消防队，他却冷淡地回答说，那不是他的事，因为不在他的管辖区域内。我急了，所以从那以后，当我骑马出去的时候，我担任自己委任的"单人委员会"的委员，保护公共场所。当我看见树下着火，我非常不高兴。最初，我警告那些小孩子，引火可能被拘禁，我用权威的口气，命令他们把火扑灭。如果他们拒绝，我就恫吓他们，要将他们送去警察局——我在发泄我的反感。

结果呢？儿童们当面服从了，满怀反感地服从了。当我消失在山后边时，他们又会重新点火。让火烧得更旺——希望把全部树木烧光。

这样的事情发生多了，我慢慢教会自己多掌握一点人际关系的知识，用一点手段，一点从对方立场看事情的方法。

于是我不再下命令，我骑马到火堆前，开始这样说：

"孩子们，很高兴吧？你们在做什么晚餐？……当我是一个小孩子时，我也喜欢生火玩，到现在还喜欢。但你们知道在这个公园里，火是很危险的，我知道你们没有恶意，但别的孩子们就不同了，他们看见你们生火，他们也会生一大堆火，回家的时候也不扑灭，让火在干叶中蔓延，伤害了树木。如果我们再不小心，我们这儿就没有树了。因为生火，你们可能被拘下狱，我当然不愿意干涉你们的快乐，我喜欢看你们玩耍。请你们将树叶耙得离火远些，好不好？在你们离开以前，请你们小心用土将火盖起来，好不好？下次你们再玩时，请你们在那边沙堆上生火，好不好？那里不会有危险……多谢，孩子们，祝你们快乐！"

这种说法产生的效果有多大！

它让儿童们乐意合作，没有怨恨，没有反感。他们没有被强制服从命令，他们觉得好，我也觉得好。因为我考虑了他们的观点——他们要的是生火玩，而我达到了我的目的——不发生火灾，不毁坏树木。

明天，也许你会劝说别人做些什么事情。在你开口之前，先停下来问自己："我如何使他心甘情愿地做这件事呢？"这个问题，也许可以使我们不至于冒失地、毫无结果地去跟别人谈论我们的愿望。

如果我们托人办事——借别人出面出力去做成我们筹划的事——这种策略肯定是应该首先考虑的：以对方的眼光和情感作为切入角度，通过给人面子的方式，引导他"变成"自己，这样，他自然会乐意爽快地"替"你把事情办好。

02 给别人露脸的机会

有时候事情到了一定的关口，必须有人出面"迎风而立"，这时候聪明的主事者往往会耍出手段，让别人心甘情愿地充大头、撑台面、冒风险，而他自己却毫发无伤地捞好处。这不能不说是一种高明的"要面子"的手段。

三国枭雄曹操在发迹称霸的过程中也玩了几手漂亮的幕后策划戏。他在群雄并起，危险四伏中，把别人捧上前台，自己在幕后操纵，成为最大的受益者。

曹操刺董卓失败，马上逃离洛阳，回去整合兵马，会同袁术、袁绍、孔融、马腾、孙坚等 17 路诸侯联合讨伐董卓。在这些力量中，曹操拥有较强的实力，且作为发起人，理应以他为盟主，但他却主动谦让，把盟主位置让给袁绍。并说什么"袁本初四世三公，门多故吏，汉朝名相之裔，可为盟主"。其实他正是看穿了袁绍的虚荣和较弱的缺点，既让他作出头鸟，又可以使自己把握实权。果然袁绍心中大喜，心甘情愿地当了冤大头，结果在群雄逐鹿中四面受敌，力量慢慢削弱，最后终于被曹操吃掉了。

曹操这套阴谋的好处在于：一是可以借力克力，借势灭势；二是可以暗中操纵，浑水摸鱼，得渔翁之利。通过这次与17路诸侯的合作，曹操几乎全部摸清了他们的底细，而对方则不知他的深浅。等到公孙瓒、孙坚等人看出他的野心时为时已晚。更何况此时曹操又玩了一手更高明的手段。

曹操杀入洛阳、消灭董卓力量后，便把汉献帝挟持到自己的地盘许昌"供"起来。这一招更高明，他把汉献帝当成皮影，而自己则是耍皮影的。由于汉献帝的名头，诸侯都不敢对曹操轻举妄动，而曹操更是拉大旗作虎皮，挟天子以令诸侯，自立为大丞相，实则以天子名义对诸侯们指手画脚。曹操的这一招，可谓把幕后操纵演绎到了极致。曹操后来的不断壮大，四方贤士猛将皆来投靠，不能不说与此有很大关系。

隋朝末年，李渊从太原起兵后不久，便选中关中作为长远发展的基地。因此，他就借"前往长安，拥立代王"为名，率军西行。

李渊西行入关，面临的困难和危险主要有三个。第一，长安的代王并不相信李渊会真心"尊隋"，于是派精兵予以坚决的阻击。第二，当时势力最大的瓦岗军半路杀出，纠缠不清。第三，瓦岗军还用一方面主力部队袭奔晋阳重镇，威胁着李渊的后方根据地。

这三大危险中，隋军的阻击虽已成为现实，但军队数量有限，且根据种种迹象判断，隋廷没有继续派遣大量迎击部队的征兆。但后两个危险却是不可掉以轻心的，瓦岗军的人数在李渊的10倍以上，第二种或者第三种危险中，任何一个危险的进一步演化，都将使李渊进军关中的行动夭折，甚至有可能由此一蹶不振，再无东山再起的机会。

李渊急忙写信给瓦岗军首领李密详细通报了自己的起兵情况，并表示希望与瓦岗军友好相处的强烈愿望。

不久，使臣带着李密的回信又来到了唐营。李渊看了回信后，口里说了声"狂妄之极"，心里却踏实多了。

原来，李密自恃兵强，欲为各路反隋大军的盟主，大有称孤道寡的野心。他在信中实际上是在劝说李渊应同意并听从他的领导，并要求他速作表态。

李密拥有洛口要隘，附近的仓廪中粮帛丰盈，控制着河南大部。向东可以阻击或奔袭在江苏的隋炀帝，向西则可以轻而易举地进取已被李渊视之为发家基地的关中。因此，李渊虽知李密过于狂妄，但人家有狂妄的资本。

为了解除西进途中的后两种危险，同时化敌为友，借李密的大军把隋炀帝企图夺回长安的精兵主力截杀在河南境内，李渊对次子李世民说："李密妄自尊大，绝非一纸书信便能招来为我效力的。我现在急于夺取关中，也不能立即与他断交，增加一个劲敌。"于是，李渊回信道："当今能称皇为帝的只能是你李密，而我则年纪大了，无此愿望，只求到时能再封为唐公便心满意足了，希望你能早登大位。因为附近尚须平定，所以暂时无法脱身前来会盟。"

李世民看了信说："此书一去，李密必专意图隋，我无东顾之忧了。"果然，李密得书之后，十分高兴，对将佐们说："唐公见推，天下足定矣！"

李渊投李密之好，把他当成台面人物，使得他不再对自己防范，不仅避免了李密争夺关中的危险，而且还为李渊西进牵制住了洛阳城中可能增援长安的隋军，从而达到了"乘虚入关"的目的。李密中了李渊之计，十分信任李渊，常给李渊通信息，更无攻伐行为，专力与隋朝主力决斗。之后几年中，李密消灭了隋王朝最精锐的主力部队，而自己也被打得只剩 2 万人马。而李渊则利用有利时机发展成为最有实力的人，不费吹灰之力便收降了李密余部。

李渊的手段虽不如曹操精细，但也深得其精髓。他利用李密的弱点，吹捧一番，便把李密送上了热闹却危险的舞台，而自己则不露行迹，等到前台的戏一结束，他便出来收拾摊子，凭空落下大大的好处。李密的失误，在于他把指挥棒轻易地交给了李渊，自己粉墨登场做起了悲剧角色的演员——"出头鸟"。

无论是曹操对于袁绍、汉献帝，还是李渊对于李密，用的都是让对方当出头鸟，而自己在幕后掌权策划的手段。这种看似"风光"、"有面子"的"出头鸟"，处于风口浪尖上得到的不外是明枪暗箭、嫉恨攻击，成为众矢之的。而幕后的操纵者不但安全无恙，而且坐收渔利，成为最大的也是最后的赢家。这也正是从结果与从过程中要面子的不同结局。

03 尽量争取共同赢面子的结果

在与别人合作中，主动让对方站在前台，自己隐身幕后的时候，也别忘了"双赢"，即在自己得利的同时，也让对方心满意足。这既是强者操纵局面要面子的手段，也是弱者取得利益最大化保面子的策略。

钢铁大王安德鲁·卡耐基年幼时，父母从英国来到美国定居，由于家境贫寒，没有读书学习的机会，13岁就当学徒工了。

卡耐基10岁时，无意中得到一只母兔子。不久，母兔子生下一窝小兔。由于家境贫寒，卡耐基买不起饲料喂养这窝小兔子。于是，他想了一个办法：请邻居小朋友来参观他的兔子，这些小朋友们一下子就喜欢上了这些可爱的小东西。于是，卡耐基趁机宣布，只要他们肯拿饲料来喂养小兔子，他将用小朋友的名字为这些小兔子命名。小朋友出于对小动物的喜爱，都愿意提供饲料，使这窝兔子成长得很好。这件事给了卡耐基一个有益的启示：人们对自己的名字非常在意，都有显示自己的欲望，因为这代表着自己的"面子"。

卡耐基长大成人后，通过自身努力，由小职员干起，步步发展，成为一家钢铁公司的老板。有一次他为了竞标太平洋铁路公司的卧车合约，与竞争对手布尔门铁路公司铆上劲了。双方为了得标，不断削价竞争，已到了无利可图的地步。

有一天，卡耐基到太平洋铁路公司商谈投标的事，在一家旅馆门口遇到了布尔门先生，"仇人"相见，在一般情况下，应该"分外眼红"，但卡耐基却主动上前向布尔门打招呼，并说："我们两家公司这样做，不是在互挖墙脚吗？"

接着，卡耐基向布尔门说，恶性竞争对谁都没好处，并提出彼此尽释前嫌，携手合作的建议。布尔门见卡耐基一番诚意，觉得有道理，但他却仍然不痛痛快快地表示要与卡耐基合作。

卡耐基反复询问布尔门不肯合作的原因，布尔门沉默了半天，说："如果我们合作的话，新公司的名称叫什么？"

卡耐基一下明白了布尔门的意图。他想起自己少年时养兔子的事。

于是，卡耐基果断地回答："当然用'布尔门卧车公司'啦！"卡耐基的回答使布尔门有点不敢相信，卡耐基又重复了一遍，布尔门才确信无疑。这样，两人很快就达成了合作协议，取得了太平洋铁路卧车的生意合约，布尔门和卡耐基在这笔业务中，都大赚了一笔。

另有一次，卡耐基在宾夕法尼亚州匹兹堡建起一家钢铁厂，是专门生产铁轨的。当时，美国宾夕法尼亚铁路公司是铁轨的大买主，该公司的董事长名叫汤姆生。卡耐基为了稳住这个大买主，同样采取"成人之名法"，把这家新建的钢铁厂取名为"汤姆生钢铁厂"。果然，这位董事长非常高兴，卡耐基也顺利地取得了他稳定、持续的大订单，他的事业从此发展起来了，并最终成为赫赫有名的"钢铁大王"。

在这里，卡耐基利用别人重视名字爱风光的心理，适时地把对方推上前台，而自己甘心隐于幕后，从而借他人之名成功地实现自己的目标。并且大家都从中得到了自己想要的东西，皆大欢喜。精明的卡耐基明白，名字虽然是你的，但东西是属于我的。他不计较这种表面的东西，也就得到了最实在的利益。

04 千万不要揭人短

人不可能不犯错，也不可能一直祥光罩身。所以几乎每个人都有不太光彩的过去，或者有身体或性格上的缺陷，而这些就构成了一个人的短处。每个人的短处都是不愿意让人知道的。所以，与人相处时，即便是为了对方或为了大局而必须指出对方的缺点错误时，也要讲究正确的方法策略，否则不仅达不到本来的目的，还可能会惹下麻烦。

明太祖朱元璋出身贫寒，做了皇帝后自然少不了有昔日的穷亲戚朋友到京城找他。这些人满以为朱元璋会念在昔日共同受罪的情分上，给他们封个一官半职，谁知朱元璋最忌讳别人揭他的老底，以为那样会有损自己的威信，因此对来访者大都拒而不见。

有位朱元璋儿时一块光屁股长大的好友，千里迢迢从老家凤阳赶到南京，几经周折总算进了皇宫。一见面，他便当着文武百官大叫大嚷起来："哎呀，朱老四，你当了皇帝可真威风呀！还认得我吗？当年咱俩一块儿光着屁股玩耍，你干了坏事总是让我替你挨打。记得有一次咱俩一块偷豆子吃，背着大人用破瓦罐煮。豆还没煮熟你就先抢起来，结果把瓦罐都打烂了，豆子撒了一地。你吃得太急，豆子卡在嗓子眼儿还是我帮你弄出来的。怎么，不记得啦！"

这位老兄还在那喋喋不休唠叨个没完，宝座上的朱元璋再也坐不住了，心想此人太不知趣，居然当着文武百官的面揭我的短处，让我这个当皇帝的脸往哪儿搁。盛怒之下，朱元璋便下令把他杀了。

这位穷朋友犯了"揭短"的致命错误，尤其揭短的对象是已贵为天子又极要面子的朱元璋，他的人头落地也就不奇怪了。这个故事虽是个戏说，但讲的道理没错，那就是无论对象是谁，口无遮拦都是要不得的。即便当时没危险，但是你给对方心里结下疙瘩，终究没什么好处。

那么，怎么才能做到在做人处世中尽量不揭人之短呢？下面这几条意见也许会对你有所助益：

第一，必须通晓对方，做到既了解对方的长处，也了解对方的不足。这样才能在交际中做到"知彼知己，百战不殆"。因为每个人都会有自己的个性和习惯，有自己的需求和忌讳，如果你对交际对象的优缺点一无所知，那么交际起来，难免踏进"雷区"，触犯对方的隐私。

第二，要善于择善弃恶。在做人处世中要多夸别人的长处，尽量回避对方的缺点和错误。"好汉愿提当年勇"，又有谁愿意提及自己不光彩的一页呢？特别是有人拿这些不光彩的问题来做文章，就等于在伤口上撒盐，无论谁都是不能忍受的。

第三，指出对方的缺点和不足时，要顾及场合，别伤对方的面子，尤其注意不要在对方下属或家属面前批评对方。

第四，巧给对方留面子。有时候，对方的缺点和错误无法回避，必须直接面对，这时就要采取委婉含蓄的说法，淡化矛盾，以免发生冲突。而在现实待人处世中，我们周围许多人说话往往太直接，结果好心办了坏事。

此外，许多情况下，在做人处世中经常有人是"常有理不见得会说话"，自己在理却总是说不到点子上，所以，要想把话说到别人的心坎儿上，除了不揭人短之外，还要特别注意"避人所忌"，具体有以下三个方面应该特别注意：

第一，忌涉及别人的隐私。每个人都有一些不愿公开的秘密。尊重别人的隐私，是尊重他人人格的表现。所以，当你与别人交谈时，切勿鲁莽地随意提及别人的隐私，这样，别人就会觉得你遵循了人际交往的"礼貌原则"，便会乐意跟你交谈和交往。反之，假如你不顾别人保留隐私的心理需要，盲目触及"雷区"，不仅会影响彼此之间谈话的效果，而且别人还会对你产生不良印象，进而损害人际关系。比如，别人的恋爱、婚姻正遭遇某种挫折，而且又不愿向旁人透露时，你若在交谈中一味地刨根问底，肯定会引起对方的反感。

第二，忌提及别人的伤感事。与别人谈话，要留意别人的情绪，话题不要随意触及对方的"情感禁区"。比如，当你的交谈对象正遇到某种打击，情绪沮丧低落时，你与之交谈，对方又不愿主动提及伤感的事，就最好躲避这类话题，以免使对方再度陷入"情感沼泽"，进而影响彼此间的继续交往和友谊。

第三，忌提及别人的尴尬事。当别人在生活中遇到某些不尽如人意的事时，你若与之交谈，最好不要主动引出这一有可能令对方尴尬的话题。比如，别人正遇上升学考试不及格抑或提拔升迁没能如愿或某项奋斗目标未获预期的成功等等，你若不顾别人的主观意愿而主动问及此事，那么，你的交谈对象就会因此而陷入尴尬，进而对你的谈话产生排斥心理。

与人说话如同走路，必须注意不能踩进"陷阱"。不然，伤害了别人的自尊，引起争端纠纷，自己的脸上也不会增光添彩。所以，在人际交往中，必须首先记住这一条：不揭人之短，给对方面子。必须学会设身处地想一下，别由着自己的性子和习惯，学会换一种面孔做人。这样才能和和气气，皆大欢喜。

05　得饶人处且饶人

人是感情动物、血肉之躯，难免都会有头脑发热、情感冲动的时候。这种"激情犯错"只要不造成非常严重的后果，从情理上来说是应该原谅的。犯这种错误的人，未必不是贤人，不是能人，你只要宽容了他们，不加追究，保全了他们的尊严脸面，因此而来的激励和感恩之情会使他们更加效力，发挥更大的力量和作用。

春秋时，楚庄王励精图治，国富民强，手下战将众多，个个都肯为他卖命。楚庄王也极力笼络这批战将，经常宴请他们。

一天，楚庄王又大宴众将。君臣喝得极其痛快，天色渐晚，庄王命点上蜡烛继续喝酒，又让自己的宠姬出来向众将劝酒。突然间，一阵狂风吹过，把厅堂里的灯烛全部吹灭，四周一片漆黑，猛然间，庄王听得劝酒的爱姬尖叫一声，庄王忙问何事。宠姬在黑暗中摸过来，附在庄王耳边哭诉：灯一灭，有位将军不逊，将手伸向妾身来抓摸，已被我偷偷拔取了他的盔缨，请大王查找无盔缨之人，重重治罪，为妾出气。

庄王闻听，心中勃然大怒，自己对众将这般宠爱，竟有人戏弄我的爱姬，真乃无礼之极！定要查出此人，杀一儆百！他刚要下令点灯查找，但又转念：这帮战将都是曾为我流过血、卖过命的，我若为了这点小事杀人，其他战将定会寒心，以后谁还会真心诚意地为我卖命呢？失去这批战将，我将凭什么称霸中原呢？俗话说，小不忍则乱大谋，还是放过这等小事，收买人心要紧。主意已定，他低声劝宠姬道："卿且去后堂休息，我定查出此人为你出气。"

等那宠姬离开厅堂，庄王便下令说："今日玩得甚是尽兴，大家都把盔缨拔下来，喝个痛快。"大家在黑暗中都不知原委，不明白大王为何让大家拔下盔缨。但既然大王有令，就只好照办了。那位肇事的将军在酒醉之中闯下大祸，听到庄王宠姬尖叫，才吓醒了酒，心想这次必死无疑。等庄王命令大家拔盔缨时，他伸手一摸，盔缨早已没有了，才明白庄王的用心。等大家都拔去盔缨，庄王才下令点上灯烛，继续畅饮。肇事的战将暗中望着庄王，下定了效死的决心。

自此以后，每逢战斗，都有一位冲锋陷阵，拼命地出击作战的战将，楚庄王细细查问，才知道他就是那位被宠姬拔掉盔缨的肇事者。

战国"四公子"之一的齐国孟尝君田文，门下养了许多食客，其中有一个门客与孟尝君的爱妃私通，早已为外人发觉。有人劝孟尝君杀了那个门客，孟尝君听后笑着说："爱美之心人皆有之，异性相见，互相悦其貌，这是人之常情呀！此事以后不要再提了。"

过了近一年，一天，孟尝君特意将那个与自己妃子私通的门客召来，对他说："你与我相交已非一日，但没有能封到大官，而给你小官你又不要。我与卫国国君的关系甚笃，现在，我给你足够的车、马、布帛、珍玩，希望你从此以后，能跟随卫国国君认真办事。"

那个门客本来就做贼心虚，听孟尝君召唤他，以为这下大祸临头了，现在想不到孟尝君给他这样一份美差，激动得什么话也说不出，只是深深地、怀着无限敬意地为孟尝君行了个大礼。

那个门客到了卫国后，卫国国君见是老朋友孟尝君举荐过来的人物，对他也就十分器重。

没过多久，齐国和卫国关系开始恶化，卫国国君想联合天下诸侯军队共同攻打齐国。那个门客听到这一消息后，忙对卫国国君说："孟尝君宽仁大德，不计臣过。我也曾听说过齐卫两国先君曾经刑马杀羊，歃血为盟，相约齐卫后世永无攻伐。现在，国君你要联合天下之兵以攻齐，是有悖先王之约而欺孟尝君啊！希望您能放弃攻打齐国的主张；如果大王不听我的劝告，认为我是一个不仁不义之人，那我立时撞死在国君你的面前。"话刚说完那个门客就准备自戕，被卫国国君赶忙制止，并答应不再联合诸侯军队攻打齐国了，就这样，齐国避免了一场灾难。

消息传到齐国后，人人都夸孟尝君可谓善为人事，当初不杀门客，如今门客为国家建下了奇功。

汉文帝时，袁盎曾作过吴王刘濞的丞相，他的一个从使与他的一个侍妾私通。袁盎知道后，并没有泄露出去，也没有责怪那个从使。有人却说了一些话吓唬那个从使，说袁盎要治他的死罪等等，结果把那个从使吓跑了。袁盎知道后，又亲自去把那个从使追回来，对他说："男子汉做事要顶天立地，既然你这么喜欢她，我可以成全你们。"将那个侍妾赐给了从使，待他也仍像从前一样。

到了汉景帝时，袁盎到朝廷中担任太常要职，后又奉汉景帝之命任职吴国，当时，吴王刘濞正在谋划反叛朝廷，决定先将朝廷命官袁盎给杀掉。就暗中派了五百人包围了袁盎的住所，袁盎本人却毫无觉察，情况十分危险。

在这五百人的包围队伍中，恰好有一位就是当年袁盎门下的从使，此人现已任校尉司马一职。他知道袁盎情势十分危险，随时都会有性命之忧，心想，这正是报答袁盎的好机会。兵临城下，如何营救恩人？那个从使灵机一动，就派人去买来二百坛好酒，请五百个兵卒开怀畅饮，并说道:"大伙好好喝个痛快,那袁盎老头现在已是瓮中之鳖,跑不掉了!"士兵们一个个酒瘾发作,喝得酩酊大醉,东倒西歪,于是成了五百个醉鬼。

当天夜晚,那个从使悄悄来到袁盎卧室,将他唤醒,对他说:"大人,你赶快走吧,天一亮吴王就要将你斩首了。"

袁盎揉了揉昏花的老眼,忙问他:"壮士,你为什么要救我?"原来当年的从使现在已穿上了校尉司马服,加之又过去了多少年,在昏暗的灯光下,袁盎仓促之间,根本认不出当年的他了。

校尉司马对袁盎说:"大人,我就是以前那个偷了你的侍妾的从使呀!"

袁盎大悟,在那位校尉司马的掩护下,他连夜逃离了吴国,摆脱了险境。

历史上这些宽以待人,懂得脸面之道之人,不是成就了大业,就是在关键时刻得到了避祸全身。可见脸面尊严在为人处事、成就前途中的重要性。毛泽东有一句著名的话:"允许人犯错误,也允许人改正错误",说的正是这种道理。对犯错误的不应总是凶狠责罚,而应换一种态度和面孔,得饶人处且饶人,这样收到的效果会更好。

第六章　取曲舍直

说话能力决定处世水平

说话的水平有多高，在一定程度体现出为人处世的水平有多高，为人处世的一大玄机，就是要改变把说话当成雕虫小技的态度，把说话当成一个上天入地的大本事，学会恰当地说，迂回地说，才能"说"出应有的高度。

01 努力提高自己的"语商"

所谓语商，也就是指一个人的语言表达能力。一个人说话颠三倒四或词不达意是"语商"低下的表现，但还不至于造成大的危害，其另一种表现是总是在不恰当的场合说出不恰当的话，就会对其个人以及他所做的事造成很坏的后果。

有一位专家型的部门经理，从他的业务能力来看可以干更大的事，但当他在评价和安排员工的工作时，却经常让人不知所云。他要么说一些无关紧要的事情，要么喋喋不休，因此失去了晋升机会。还有一类人是对自己所干的事和所说的话不敢承担责任，因而失去了上司和员工的信任。

还有一家制造公司的部门经理，当他把事情弄糟以后，老板批评道："这到底怎么回事？你把事情全弄糟了。"这位中层经理听了老板的批评后非常生气，立即辩解道："一定是手下的员工误解了我的意图和要求，他们应该对这一后果承担主要责任。如果您对这一结果不大满意，也不应追究到我的头上。"这一回答显然让他的上司难以容忍。他的老板说道："他承受不了责备，也不能保持冷静。不管是谁的错，他都应该去努力解决问题，但他的回答中丝毫看不出这一点。"因此这位经理后来被免除了职务。

显然这些人都是因为自己语商较低，在试图证明自己具有很强的思考、评价和解释能力时，自断前程。他们给自己的上司、下属、合作伙伴和同事都留下了不好的印象。

在谈话中显示自己成功的自信，这并不是什么不好的行为，而且你也必须如此。但良好的言辞智商同自吹自擂有很大区别，关键在于你是否能以恰当的方式和技巧来表现。

当你表露自己的成功时，你所希望表达的信息不过是让他人知道你有多棒。但是你一定要注意：在传递这种信息时，必须坦率简洁。例如，如果你成功地为公司举办的一次新闻发布会写了一份报告，得到与会者的好评，你的喜悦与成功感也会溢于言表。这时，你大可不必说："瞧，我做了一件多么了不起的事情。"相反，当上司称赞你时，你倒应显得更加沉稳："这是公司分配给我的工作，也是我应该完成的。"一个人的"语商"与他的情商有很大的关系，情商高的人大半能说会道，或者至少能把话说到点子上，说的话能让人感觉舒服。所以"语商"的提高不是片面地学怎样说话，而是要从有意识地提高情商入手。

02　学会恰如其分地称呼他人

与人谈话，称呼是必不可少的。在社交中，人们对称呼是否恰当十分敏感。尤其是初次交往，称呼往往影响交际的效果。有时因称呼不当会使交际双方发生感情上的障碍。不同时代、不同国家、不同地区、不同社会集团之间都有不同的称呼。但也有共同的称呼，如"太太、小姐、女士、先生"。

有时候，称呼别人不是为了满足自己，而是为了满足别人。遇到一位朋友，最近被提升了主任。当时就应先跟他打招呼："某主任，真想不到能在这儿见到你。"如果他听到你跟他打招呼，就会显得格外高兴，忙跑过来和你并肩坐。虽然平时他是个不大健谈的人，但那天却显得很健谈。

当瑞典国王卡尔·哥史塔福访问旧金山时，一位记者问国王希望自己怎么被称呼。他答道："你可以称呼我为国王陛下。"这是一个简单明了的回答。

最重要的是，不论我们如何称呼人，这其中最主要的是要传达这样的意思："你很重要，""你很好"，"我对你重视"。

使用称呼还要注意主次关系及年龄特点。如果对多人称呼，应以先长后幼、先上后下、先疏后亲的顺序为宜。如在宴请宾客时，一般以先董事长及夫人，后随员的顺序为宜。在一般接待中要按女士们、先生们、朋友们的顺序称呼。使用称呼时还要考虑心理因素。如有的30多岁的人还没有结婚，就称为"老张、老李"，会引起他的不快。对没有结婚的女人称"太太、夫人"，她一定很反感，但对已婚的年轻女人称"小姐"，她一定会很高兴。

除此之外，称呼应该根据社会习惯来进行，例如称呼一般分为职务称、姓名称、职业称、一般称、代词称、年龄称。职务称：经理、科长、董事长、医生、律师、法官、教授等；姓名称：一般以姓或姓名加"同志、先生、女士、小姐"；职业称：是以职业为特征的称呼，如上尉同志、秘书小姐、服务小姐等；一般称：太太、女士、小姐、先生、同志、师傅等；代词称：用代词"您"、"你们"等来代替其他称呼；年龄称：主要是以亲属名词"大爷、大妈、伯伯、叔叔、阿姨"等来相称；对工人：比自己年龄长的可称"老师傅"，与自己同龄或小于自己的人可称"同志、小同志、师傅、小师傅"；对农民：比自己年长的可称"大伯、大娘、大妈"，与自己同龄或小于自己的人可称"同志"；在北方也可称"大哥、大姐、老弟、小妹"等；对经济界人士：可用"先生、女士、小姐"等相称；也可用职务相称，如"董事长、经理、主任、科长"等；对知识界：可以用职业相称，如教授、老师、医生（大夫），还可以用"先生、女士、太太"相称；对文、体界：可用职务称，如"团长、导演、教练、老师"等；对于一般的演职员、运动员，就不能称"××演员"或"××运动员"而要称呼"××先生"或"××小姐"。

03　拒绝别人要讲究技巧

任何人都有得到别人理解与帮助的需要，任何人也都常常会收到来自别人的请求和希望，可是，在现实生活中，谁也无法做到有求必应，所以，掌握好说"不"的分寸和技巧就显得很有必要。

人都是有自尊心的，一个人有求于别人时，往往都带着惴惴不安的心理，如果一开口就说"不行"，势必会伤害对方的自尊心，引起对方强烈的反感，而如果话语中让他感觉到"不"的意思，从而委婉地拒绝对方，就能够收到良好的效果。

要拒绝、制止或反对对方的某些要求、行为时，你可以利用那个人的原因作为借口，避免与对方直接对立。比如，你的同事向你推销一套家具，而你却并不需要，这时候，你可以对对方说："这样的家具确实比较便宜，只是我也弄不清楚究竟怎样的家具更适合现代家庭，据说有些人对家具的要求是比较复杂的。我的信息也太缺乏了。"

在这种情况下，同事只好带着莫名其妙或似懂非懂的表情离去，因为他们听出了"不买"的意思，想要继续说服你什么，"更适合现代的家庭"，却是一个十分笼统而模糊的概念，这样，即使同事想组织"第二次进攻"，也因为找不到明确的目标而只好作罢。

当别人有求于你的时候，很可能是在万不得已的情况下才来请你帮忙的，其心情多半是既无奈而又感到不好意思。所以，先不要急着拒绝对方，而应该尊重对方的愿望，从头到尾认真听完对方的请求，先说一些关心、同情的话，然后再讲清实际情况，说明无法接受要求的理由。由于先说了一些让人听了产生共鸣的话，对方才能相信你所陈述的情况是真实的，相信你的拒绝是出于无奈，因而也能够理解你的。

例如有个朋友想请长假外出经商，来找某医生想让对方出具一份假的肝炎病历和报告单。对此作假行为医院早已多次明令禁止，一经查实要严肃处理。于是该医生就婉转地把他的难处讲给朋友听，最后朋友说："我一时没想那么多，经你这么一说，我也觉得这个办法不行。"

这样的拒绝，既不会影响朋友间的感情，又能体现出你的善意和坦诚。

拒绝对方，你还可以幽默轻松、委婉含蓄地表明自己的立场，那样既可以达到拒绝的目的，又可以使双方摆脱尴尬处境，活跃融洽气氛。

美国总统富兰克林·罗斯福在就任总统之前，曾在海军部担任要职。有一次，他的一位好朋友向他打听在加勒比海一个小岛上建立潜艇基地的计划。罗斯福神秘地向四周看了看，压低声音问道："你能保密吗？""当然能"。"那么，"罗斯福微笑地看着他，"我也能"。

富兰克林·罗斯福用轻松幽默的语言委婉含蓄地拒绝了对方，在朋友面前既坚持了不能泄露的原则立场，又没有使朋友陷入难堪，取得了极好的语言交际效果。以至于在罗斯福死后多年，这位朋友还能愉快地谈及这段总统轶事。相反，如果罗斯福表情严肃、义正词严地加以拒绝，甚至心怀疑虑，认真盘问对方为什么打听这个、有什么目的、受谁指使，岂不是小题大做、有煞风景，其结果必然是两人之间的友情出现裂痕甚至危机。

委婉地拒绝能让对方知难而退。例如，有人想让庄子去做官，庄子并未直接拒绝，而是打了一个比方，说："你看到太庙里被当作供品的牛马吗？当它尚未被宰杀时，披着华丽的布料，吃着最好的饲料，的确风光，但一到了太庙，被宰杀成为牺牲品，再想自由自在地生活着，可能吗？"庄子虽没有正面回答，但一个很贴切的比喻已经回答了，让他去做官是不可能的，对方自然也就不再坚持了。

其实，拒绝别人的方式有很多种，你可以给自己找个漂亮的借口，或者运用缓兵之计，当着对方的面暂时不做答复，或者用一种模糊笼统的方式让对方从中感受到你对他的请求不感兴趣，从而达到巧妙的拒绝效果。

04 "场面话"不是可有可无的

一踏入社会，应酬的机会就多了，这些应酬包括去做客、赴宴，参加会议及其他聚会等。不管你对某一次应酬满不满意，"场面话"一定要讲。

什么是"场面话"？简言之，就是让主人高兴的话。既然说是"场面话"，可想而知就是在某个"场面"才讲的话，这种话不一定代表你内心的真实想法，也不一定合乎事实，但讲出来之后，就算主人明知你"言不由衷"，也会感到高兴。说起来，讲"场面话"实在无聊之至，因为这几乎和"虚伪"画上等号，但现实社会就是这样，不讲就好像不通人情世故了。

聪明人懂得："场面之言"是日常交际中常见的现象之一，而说场面话也是一种应酬的技巧和生存的智慧，在人世间生存的人都要懂得去说，习惯于说。为此：

（1）学会几种场面话

当面称赞他人的话——如称赞他人的孩子聪明可爱，称赞他人的衣服大方漂亮，称赞他人教子有方等等。这种场面话所说的有的是实情，有的则与事实存在相当的差距。且这种话说起来只要不太离谱，听的人十有八九都感到高兴，而且旁人越多他越高兴。

当面答应他人的话——如"我会全力帮忙的"、"有什么问题再来找我"等。说这种话有时是不说不行，因为对方运用人情压力，当面拒绝，场面会很难堪，而且当场会得罪人；对方缠着不肯走，那更是麻烦，所以用场面话先打发一下，能帮忙就帮忙，帮不上忙再找理由，总之，有缓兵之计的作用。

所以，在很多情况下，场面话我们不想说还不行，因为不说，会对你的人际关系造成影响。

（2）如何说场面话

去别人家做客，要谢谢主人的邀请，并盛赞菜肴的精美丰盛可口，并看实际情况，称赞主人的室内布置，小孩的乖巧聪明……

赴宴时，要称赞主人选择的餐厅和菜色，当然感谢主人的邀请这一点绝不能免。

参加酒会，要称赞酒会的成功，以及你如何有"宾至如归"的感受。

参加会议，如有机会发言，要称赞会议准备得周详……

参加婚礼，除了菜色之外，一定要记得称赞新郎新娘的"郎才女貌"……

说"场面话"的"场面"当然不止以上几种，不过一般大概离不了这些场面。至于"场面话"的说法，也没有一定的标准，要看当时的情况决定。不过切忌讲得太多，点到为止最好，太多了就显得虚伪了。

总而言之，"场面话"就是感谢加称赞，如果你能学会讲"场面话"，对你的人际关系必有很大的帮助，你也会成为受欢迎的人。

05 日常交往少不了人情话

日常生活中，有的人说话过于随便，不分场合地口若悬河说个不停，可对有些该说的话却惜语如金。就拿朋友交往来说吧，在一起时间长了，彼此之间常会互相帮忙，完事之后，一句人情话适时递上："张哥，昨天那事你受累啦，咱哥俩儿这关系感谢的话我就不多说了。""大李，孩子这么大了，你还给他买玩具干吗？他喜欢得不得了，可以后你这当叔叔的也别太惯着他，哪天来我家尝尝你嫂子包的荠菜馅饺子。"这时候帮你忙的人感觉到自己的好意被你领受了，心里自也受用。

其实，朋友也好、亲戚也好，帮个忙、送点礼是常有的事，人们做这些事的时候跟求人办事不同，并不是想从你这里得到些什么好处，甚至于因为关系铁会很乐意帮忙，他所要求的也并不是等额的回报。这时候，如果你总认为这是理所当然，没有一句表示的话，人家怎么知道自己的好意是不是已被你接受？要知道，再要好的关系，既然受了别人的施予，就要做出及时、明确地表示，当然，一句恰到好处的人情话也就足够了。

陈溪大学毕业后在北京当公务员，妻子是北京人，结婚的时候他们曾到妻子的叔叔家做客，叔叔婶婶对这个一表人才的侄女婿很是欣赏。叔叔是一家国企的老总，两人坐到一起很能谈得来，一来二去，夫妻俩去岳父岳母家去得少，反倒是叔叔家去得勤。

可是最近陈溪发现叔叔婶婶的态度有了很大变化，对他们越来越冷淡，有时候他们说要去看二老甚至遭到拒绝，二人百思不得其解。后来还是岳母替他们解开了这个谜结，叔叔家经济条件较好，有别人送的好烟好酒以及单位里发的一些东西常让他们带回家。前段时间陈溪曾提到想调到一个更有前途的部门，也是叔叔通过关系帮他办成了。但是，就妻子这一边来说，可能觉得是自己的叔叔这么亲的关系，就陈溪这边来说，可能觉得这些对他们不过是举手之劳，因此，事前事后始终没说什么人情话。婶婶有意无意地跟岳母提起，叔叔为此很是生气，说他们是白眼狼，不值得别人帮忙。二人一听连忙上府谢罪，才算挽回一点。

在这里，陈溪夫妻就是犯了不重视人情话的错误，想当然地认为自己心里的感激人家一定知道。所谓话不说不明，即使人家知道，天长日久，帮完了忙总也听不到你一句人情话，心里也会疙疙瘩瘩的。

鉴于此，我们在日常生活中就要刻意培养自己多说人情话的好习惯。

第一，使用日常生活中的见面语、感情语、致歉语、告别语、招呼语。早晨见面互问："早晨好"，平时见面互问："您好"。初次见面认识，主方可用"您好"、"很高兴和你认识"，被介绍的一方可用"请多帮助"、"请多指教"。分别时说"再见"、"请再来"、"欢迎您下次再来"。特定情况的告别可用"祝您晚安"、"祝您健康"、"祝您一路顺风"、"实在过意不去"。有求于人说声"请"、"麻烦您"、"劳驾"、"请问"、"请帮助"。对方向您道谢或道歉时要说"别客气"、"不用谢"、"没什么"、"请不要放在心上"。

第二，养成对人用敬语、对己用谦语的习惯。一般称呼对方用"您"、"同志"，对长者用"大爷"、"大妈"、"先生"，不要用"喂"、"老家伙"、"老太婆"、"老头"等。对少年儿童用"小朋友"、"小同志"、"小同学"，不要用"小家伙"、"小东西"等。称呼别人的量词用"位——各位、诸位",不要用"个"。对自己或自己一方的人可以用"个"。例如:对方问"几位?"自己答"×个人"。

第三,多用商量语气和祈求语气,少用命令语气的语词句或无主句。如"您请坐"、"希望您一定来"、"请打开窗户好吗"?"请××同学回答"、"请让开一些"。这样语词和气、文雅、谦逊,让人乐于接受。

第四,说话要考虑语言环境。即不同场合,不同情况,谈话人的不同身份,谈什么事情,需要用什么语词、语调和语气。因为同一个语词用不同的语调和语气在不同的场合、情况下会产生不同的效果。例如"对不起"这一个语词,因说话人的语调、语气不一样,可以是威胁、讽刺,也可以是表示歉意。又例如商业工作者出于工作和礼貌需要,见矮胖型的女顾客应说"长得丰满",见瘦长体型的女顾客应说"长得苗条"。其实"丰满"和"苗条"是"肥胖"和"瘦长"的婉转说法,但前者易为别人接受。其次,要考虑不同的对象。在我国,人们相见习惯说"你吃饭了吗?"、"你到哪里去"。有些国家不用这些话,甚至习惯上认为这样说不礼貌。因此见了外国人就不适宜问上述话语,可改变用"早安"、"晚安"、"你好"、"身体好吗"、"最近如何"等。

第五,注意说话的空间和时间。谈话人的身份各异,如果是长者、上级、师辈,谈话的距离太近和大远都是失礼的。男女同志之间谈话,距离则不宜太近。说话的时间过长(使人疲倦厌烦)、过多(对方不明了意思)、中途停顿(意思表达一半就不说了),都是不礼貌的。

总之,要根据时间、地点、对方的身份(年龄、性别、职业等)以及和自己的关系,多说并恰当地选择人情话和礼貌用语。

06　不宜明说的话要含糊其词

在交际场合中，有些话不宜明说，此时，避而不答又是一种不尊重，那么，只有含糊其词，让人摸不准意思，也抓不住把柄。

有一则有趣的寓言可谓典范。

狮王想找个借口，欲吃掉他的三个大臣。于是，它张开大口，叫熊来闻闻它嘴巴里是什么气味。熊老实巴交，据实回答：

"大王，您嘴巴里的气味很难闻，又腥又臭的。"

狮子大怒，说熊侮辱了作为百兽之王的它，罪该万死！于是便猛扑过去，一口把熊咬死并吃掉了。

接着，它又叫猴子来闻，猴子看到了熊的下场，便极力讨好狮子，它说：

"啊！大王，您嘴巴里的气味既像甘醇的酒香，又似上等的香水一样好闻。"

狮子又是大怒，它说猴子太不老实，是个马屁精，一定是国家的祸害。于是又扑过去，把猴子给吞了。

最后，狮子问兔子闻到了什么味。

兔子答道：

"大王，非常抱歉！我最近伤风，鼻子塞住了。现在什么味道也闻不到。大王您如果能让我回家休息几天，等我伤风好了，一定会为您效劳。"

狮子没找到借口，只好放兔子回家，兔子趁机逃之夭夭，保住了小命。

在这种场合中，兔子的回答是机智的，因为此时既不能对狮子嘴巴中的臭气进行肯定，也不能否定，只是含糊其词，用"伤风"来搪塞。

其实，这则寓言中的立足点，还是来自我们的生活。日常生活中，有些话不必说得太死、太具体，反而能更好地达到目的。

顾维钧曾担任驻美公使。有一次，他参加了一个国际舞会，与他一起跳舞的美国小姐突然问他："请问你是喜欢中国小姐呢还是美国小姐？"

这问题很不好答，若说喜欢中国小姐，势必得罪了舞伴。如果说喜欢美国小姐，又会有失中国公使的尊严。

顾维钧灵机一动，回答说："不论中国小姐或美国小姐，只要喜欢我的人，我都喜欢她。"

模糊语言其实大量存在于我们的日常生活之中，比如我们常说的"等一会儿"、"大约在元旦前后"、"有空一定来"等等，这样就避免了把话说死，留下很大的回旋空间。在外交上，使用模糊语言的机会更多。如"我们对 × 人的事态表示关注"、"我们注意到了 × × 的言论"等等，工作中也常用模糊语言，比如常听到的"最近"、"多数同志"、"基本满意"等等。这样一来，说话便具有很大的弹性，有时能帮你摆脱困境。

第七章　取细舍粗

不可忽略为人处世中的社交细节

有的人大大咧咧、不拘小节，如果只是自己独处，这也没什么不好，但在与别人相处时，就会成为营造良好人际关系的一个障碍。也许你待人真诚，也许你喜欢自我个性的张扬，但忽略了为人处世中的社交细节必然让自己处处碰壁，这是刚步入社会未久的年轻人尤其需要注意的处世玄机。

01 用礼貌表现出良好的个人修养

社交场合见面时有其他人在场，主人为你介绍时，你应当如何表示才算合乎礼节呢？一般说来，介绍时彼此微微点头，互道一声：某某先生（或小姐）您好！或称呼之后再加一句"久仰"便可以了。介绍时坐着的应该站起来，互相握手。但如果相隔太远不方便握手，互相点头示意即可。随身带有名片的此时也可交换，交换时应双手奉上，并顺便说一声"请多多指教"之类的客套话。接名片时也应用双手，并礼貌地说一声"不敢当"等，自己若带着也应随后立刻递交对方。如果你是介绍人，介绍时务必清楚明确，不要含糊其词。比如，介绍李先生时最好能补上一句"木子李"或介绍张先生时补一句"弓长张"等等，这样使对方听起来更明确，不容易发生误会。如果被介绍的一方或双方有一定的职务时，最好能连同单位、职务一起简单介绍。像"这位是某某公司的业务经理某某同志"，这样可使对方加深印象，也可以使被介绍者感到满意。

外出、旅游或者初到一个陌生的地方，可能会有地址不清或对当地的风俗习惯不了解，这就需要询问别人。要想使询问得到满意的答复，就要做到这样两点：

一要找对知情人，主要是指找熟悉当地情况的人。比如，问路可以找民警、司机、邮递员、老年人等。二是要注意询问的礼节，要针对不同的被询问者和所问问题区别对待。比如，询问老年人的年龄时可适当地说得年轻一些，而询问孩子的年龄时则应当大一些；询问文化程度时最好用"你是哪里毕业的？""你是什么时候毕业的？"等较模糊的问句等。注意询问时不要用命令性的语气，当对方不愿回答时就不要追根问底，以免引起对方不快。

请求别人的帮助时，应当语气恳切。向别人提出请求，虽无须低声下气，但也决不能居高临下态度傲慢。无论请求别人干什么，都应当"请"字当头，即使是在自己家里，当你需要家人为你做什么事时，也应当多用"请"字。向别人提出较重大的请求时，还应当把握恰当的时机。比如，对方正在聚精会神地思考问题或操作实验，对方正遇到麻烦或心情比较沉重时，最好不要去打扰他。如果你的请求一旦遭到别人的拒绝，也应当表示理解，而不能强人所难，更不能给人脸色看，不能让人觉得自己无礼。

02　别让小动作毁了自己的形象

每天我们都存在于不同的场合，作为社交中的一分子，我们要做的就是让自己的动作与场合和身份相称。但是，偶尔一疏忽就会露出马脚，这个时候你不妨检查一下自己有什么不妥当。

我们来看看你的动作，你是否在当众打呵欠？在大庭广众中，你能忍住不打呵欠吗？打呵欠在社交场合中给人的印象是，表现出你不耐烦了，而不是你疲倦。

有些手痒的人，只要他看见什么可以用，就会随手取一支来掏耳朵，尤其是在餐室，大家正在饮茶、吃东西的当儿，掏耳朵的小动作，往往令旁观者感到恶心，这个小动作实在不雅，而且失礼。

宴会席上，谁也免不了会有剔牙的小动作，既然这小动作不能避免，就得注意剔牙的时候不要露出牙齿，也不要把碎屑乱吐一番，否则是失礼的表现。假如你需要剔牙，最好用左手掩住嘴，头略向侧偏，吐出碎屑时用手巾接住。

有些头皮屑多的人，在应酬的场合也忍耐不住皮屑刺激的瘙痒。而挠起头皮来。挠头皮必然使头皮屑随风纷飞，这不仅难看，而且令旁人大感不快。

有时候，由于自己不拘小节的习性，破坏了自己的形象，因此必须注意：

（1）手

最易出毛病的地方是手。把手掩住鼻子；不停地抚弄头发；使手关节发出声音；玩弄接过手的名片。无论如何，两只手总是忙个不停，很不安稳的样子。本来想使对方称心如意的，谁知道却因为这样而惹人厌烦。

（2）脚

神经质地不停摇动，往前伸起脚，紧张时提起后脚跟等等动作，不仅制造紧张气氛，而且也相当不礼貌。如果在讨论重要提案时伸起脚，准会被人责骂。

如果是参加会议更不要当众双腿抖动。这种小动作多发生在坐着的时候，站立时较为少见。这种小动作，虽然无伤大雅，但由于双腿颤动不停，令对方视线觉得不舒服，而且也给人有情绪不安定的感觉，这是失礼的。同样，让跷起的腿儿钟摆似的耍秋千也是相当难看的姿态。

（3）背

老年人驼背是正常的事，如果二三十岁的年轻人都驼背的话，可就不太好了。我们主张挺直腰杆和人交谈。

（4）表情

毫无表情，或者死板的、不悦的、冷漠的、生气的表情，会给对方留下坏印象。应该赶快改正，不要让自己脸上有这种表情。为使说话生动，吸引对方，最好能有生动活泼的表情。

（5）动作

手足无措、动作慌张，表示缺乏自信心。动作迟钝、不知所措，会使人觉得没劲儿，而且让人觉得他难以接近。昂首阔步、动作敏捷、有生气的交谈等会使气氛变得开朗。所以，千万别忘记，人是依态度而被评价、依态度而改变气氛的。

03 "吃"出你的体面

吃，要有吃相。但吃得"漂亮"却不是一件很容易的事。例如当几个人围坐在餐桌旁准备就餐时，有人手拿筷子敲打碗盏或者茶杯；主人尚未示意开始，有人就已经狼吞虎咽起来；不等喜欢的菜肴转到自己跟前，就伸长胳膊跨过很远的距离甚至屁股离座去夹菜；喝汤时"咕噜咕噜"、吃菜时"叭叽叭叽"作响；用餐尚未结束，自己的饱嗝已经连连打出，等等，这些现象都可看出一个人缺乏修养。那么，怎样的吃相才算"雅"呢？

在入座之后，一面做好就餐的准备，一面可以和同桌的人随意进行交谈，以创造一种和谐融洽的用餐气氛。不要旁若无人，孑然独坐，更不要眼睛紧盯着餐桌上的食物，显出一副迫不及待的样子，也不要无意识地摆弄餐具。

主人招呼后才开始进餐。一次夹菜不宜过多，吃完之后再取。不要对不合自己口味的菜显出为难的表情，而应当礼节性地品尝一点。吃东西时不要大声咀嚼，喝汤时不要弄出声响，碗筷刀叉不要碰得叮当响，更不要用匙子去刮碗底。吃东西时嘴里的残渣不要往桌上、地上乱吐，应把这些东西集中放于一处，以便主人饭后打扫，同时也不至于影响周围人的食欲。

筷子的使用在长期的生活实践中也形成了些礼仪上的忌讳：一忌敲筷子，即在等待及就餐时，不能用筷子随意敲打；二忌拂筷，即在发放筷子时要轻，相距较远时可以请人递过去，不能随手掷在桌上；三忌叉筷，也就是筷子不能一横一竖交叉摆放或一根是大头，一根是小头；四忌插筷，即不论在何种情况下，都不能把筷子插在菜上或饭碗里；四忌挥筷，在夹菜时不能把筷子在盘里翻来搅去，在说话时不能把筷子作道具，在空中乱舞或者用筷子指点别人。

在餐桌上，不要嘴里含着食物大声说话，弄得饭菜乱喷，这是粗俗的行为，是应酬场合之大忌。

做客吃饭时，不要用自己的筷子在菜盘里挑挑拣拣，拨来拨去，这样做即使是小孩也会让人生厌，在家里吃饭也要杜绝这种习惯。请人在家里吃饭时，最好使用公匙、公筷，实行分餐。在酒宴上碰杯时，主人和主宾先碰，也可以同时举杯示意，但不必逐一碰杯。祝酒时，不要交叉碰，以免形成十字架，令某些人士不悦。

当主人或主宾致辞时，其他的人应暂停进餐，专心倾听。特别是当主人和主宾前来敬酒时，被敬者要起立举杯，双眼注视对方并与之碰杯，互祝美意。

在宴席上要控制酒量，以免失去自制力而失言、失态，成为笑柄，同时不要极力劝酒，不要以喝酒论英雄，这样不但伤身还伤感情。

出席宴会时，要谨慎小心，注意周围环境，控制自己的动作，以免不小心发生意外情况，如打碎餐具或打翻酒水等。

在主人家吃过正餐后，饭后喝茶、吃水果的座次可随便选择，不必过于拘礼。

宴会结束后，如果没有其他事情，应向主人表示感谢，然后告辞离开。

04　注意与人握手的礼节

握手，既是一种礼仪方式，又可称之为人类相同的"次语言"。深情、文雅而得体的握手，往往蕴含着令人愉悦、信任、接受的契机。两人见面，若是熟人，不用言语，两手紧紧一握，各自的许多亲热情感就互相传导过去了；若是生人，则一握之际，就是由生变熟的开端。因此，它已成为世界上通行的人们在日常社交用的见面礼节。

握手，多数用于见面致意和问候，也是对久别重逢或多日未见的友人相见或辞别的礼节。

握手，有时又具有"和解"的象征意义。据说握手是西方中世纪骑士相互格斗，势均力敌，作为和解的表示，把平时持剑的右手伸向对方，证明手中没有武器，相互握手言和，发展到后来，便演变为国与国之间言和的象征。

握手除了作为见面、告辞、和解时的礼节外，还是一种祝贺、感谢或相互鼓励的表示。如对方取得某些成绩与进步时，赠送礼品以及发放奖品、奖状，发表祝词讲话后，均可以握手来表示祝贺、感谢、鼓励等。

（1）与女性握手应注意的礼仪

与女性握手，应等对方首先伸出手，男方只要轻轻地一握就可。如果对方不愿握手，也可微微欠身问好，或用点头、说客气话等代替握手。一个男子如主动伸手去和女子握手，则是不太适宜的。

在握手之前，男方必须先脱下手套，而女子握手，则不必脱手套，也不必站起。客人多时，握手不要与他人交叉，让别人握完后再握。按国际惯例，身穿军装的男子可以戴着手套与妇女握手，握手时先行举手礼，然后再握手，这是一种惯例。握手时，应微笑致意，不可目光看别处，或与第三者谈话。握手后，不要当对方的面擦手。

与女性握手，最应掌握的是时间和力度。一般来说，握手要轻一些，要短一些，也不应握着对方的手用劲摇晃。但是，如果用力过小，也会使对方感到你拘谨或虚伪敷衍。因此，握手必须因时间、地点和对象而不同对待。

（2）与老人、长辈或贵宾握手的礼仪

与老人、长辈或贵宾握手，不仅是为了问候和致意，还是一种尊敬的表示。除双方注视，面带微笑外，还应注意以下几点：

①在一般情况下，平辈、朋友或熟人先伸手为有礼，而对老人、长辈或贵宾时则应等对方先伸手，自己才可伸手去接握。否则，便会看做是不礼貌的表现。

②握手时，不能昂首挺胸，身体可稍微前倾，以示尊重，但也不能因对方是贵宾时就显得胆小拘谨，只把手指轻轻接碰对方的手掌就算握手，也不能因感到"荣幸"而久握对方的手不放。

③当老人或贵宾向你伸手时，应快步上前，用双手握住对方的手，这也是尊敬对方的表示，并应根据场合，边握手边打招呼问候，如说："您好"、"欢迎您"、"见到您很荣幸"等热情致意的话。

④遇到若干人在一起时，握手、致意的顺序是：先贵宾、老人，后同事、晚辈，先女后男。还必须注意，不要几个人竞相交叉握手，或在跨门槛甚至隔着门槛时握手，这些做法也是失礼的行为。

⑤在社交中，除注意个人仪容整洁大方外，还应注意双手的卫生，以不干净或者湿的手与人握手，是不礼貌的。如果老人、贵宾来到你面前，并主动伸出手来，而你此时正在洗东西、擦油污之物等，你可先点头致意，同时亮出双手，简单说明一下情况并表示歉意，以取得对方的谅解，同时赶紧洗好手，热情予以招待。

⑥在外交场合，遇见身份高的领导人，应有礼貌地点头致意或表示欢迎，但不要主动上前握手问候，只有在对方主动伸手时，才可向前握手问候。

（2）对上级或下级之间的握手礼仪

在上级与下级握手时，除应遵守一般握手的礼节外，还应注意以下几个方面：

①上级为了表示对下级的友好、问候，可先伸出手，下级则应等对方有所表示后再伸手去接握，否则，将被视作不得体或无礼。

②当遇到几位都是你的上级时，握手时应尽可能按其职位高低的顺序，但也可由他们中的一位进行介绍后，由你与对方一一握手致意。如同来的上级职位相当，握手的顺序应是先长者（或女性），然后再是其他人。如果长者中有自己比较熟悉者，握手时应同时说些如"近来身体可好"之类表示问候的话。

③上级与下级握手，一般也应以其职位高低为序，遇有自己熟悉的下级，握手的同时也应说些问候、鼓励和关心的话。

④不论与上级还是下级握手，都应做到热情大方，遵守交往礼节。

下级与上级握手时，身体可以微欠，或快步趋前用双手握住对方的手，以示尊敬，但切不可久握不放，表示过分的热情。

上级与下级握手同样要热情诚恳，应面带笑容，注视对方的眼睛，切忌用指尖相握，或敷衍一握了事。也不可在握手时，东张西望或漫不经心，使对方感到你冷漠无情。在众多的下级面前，也不要厚此薄彼，只与其中一两个人握手，而冷落其他人；更不能在与下级握手后，急忙用手帕擦手。这些表现，都会被人认为是轻慢与无礼的行为。

第一次见面要会做介绍

第一次见面做介绍是社交场合的礼节之一，分自我介绍、由别人介绍自己、听对方介绍他自己、听别人介绍对方和向对方介绍别人 5 种。

（1）自我介绍

如"您好！我是王刚，长江机械厂的业务员"，由招呼话和介绍话组成。介绍话一般包括自己的姓名、单位职务及事由。其要领是语调要热情友好，充满自信，眼睛要注视对方，含笑致意。

（2）由别人介绍自己

由姿态和言语两部分组成。当介绍人在介绍时，自己不能心不在焉、东张西望，而应当含笑注视对方，随着介绍人的介绍而向对方点头致意。当介绍人介绍完后，再与对方握手，并说上一些恰当的话语，如："见到您很高兴。"

（3）听取对方的自我介绍

这时自己虽不是交往主动者，但也应表现出热情的姿态，全神贯注地看着对方，而不能一边用耳听，一边低头批阅文件。在对方介绍完后，应热情欢迎，如伸出手去握住对方的手，用惊喜的语调说："哦，你就是王先生，欢迎欢迎！请坐！"

（4）由别人介绍对方给自己

这时，自己要侧过耳朵去听介绍人的介绍，并用点头或一些感叹词来呼应他的介绍，但应注意，无论对方还是被介绍人，目光都要一直注视着对方，而不能只看着介绍人，把个后脑勺对着被介绍人。待介绍人介绍完毕后，应热情和对方握手，并亲切交谈。

（5）自己把某人介绍给另外一个人

这种情况下，交往双方原来没有交谈过，但都分别与自己相识。所以，自己的任务就是介绍他们双方互相认识。这种介绍通常由说明语和介绍语组成。如："两位，请允许我来介绍一下，这位是小李，华为公司的代表；这位是王先生，中兴公司的代表。"

假如您现在是一个宴会的主人，请来了许多客人，老朋友们自然不用您介绍，他们会主动凑到一块谈得热火朝天。关键是单独无伴的客人，您应注意不能冷落他们，要尽快让他们也找到适当的伙伴，这就需要您介绍了。

在这种情况下，最好是采用"合并同类项"的介绍法，也就是说，分别给他们选择一个适宜于他们的兴趣的伙伴。如果把两个都从事于同一行业的人拉在一起，是最好不过的，因为爱好相投，职业相同，自然容易找到共同的话题。也可以把专业、兴趣相近的人介绍在一起，如把诗人介绍给音乐家，把新闻记者介绍给作家，把医生介绍给运动员等，总而言之，让他们有话可谈。

介绍时，请记住下面三条简单的礼节原则。

①把男士介绍给女士。即在介绍过程中，先提女士的姓名。例如："李小姐，让我来给您介绍王先生。"

②把年轻人介绍给年长者，以示尊敬长者之意。如"王教授，请让我给您介绍黄小姐。"

③把次要人物介绍给主要人物。一般说来，当某人在社会上知名度较大时，别人自当被介绍给他。

　　总之，应该记住这一点，介绍时先提某人姓名是一种敬意，这是放之四海而皆准的法则。

　　介绍一般以询问口气为好。如"张先生，我可以介绍李明同您认识吗？""张先生，请允许我向您介绍李明先生。"但这种介绍法比较严肃，在非正式场合下，可以采取自然、轻松的介绍法，如"我来介绍一下，张伟明先生，书法家……""诸位，我非常高兴地向大家介绍一位新朋友，他叫李永明。"还有一种更随便、亲切的介绍法，如"晴云，这是美兰"；"美兰，这是晴云。""海平，我表弟——李明。"

　　如果是介绍两位素不相识的人相见，除了介绍他们的姓名之外，还可简单地提一下被介绍人的特点，如："小青，这位是吴国良先生，您不是想了解一下深圳的情况吗？吴先生是地道的深圳通，你们好好聊聊吧。"作为被介绍者，应该主动点头或握手致意："很高兴能认识您。""见到您真高兴。"

　　未经别人介绍，我们也可能自我介绍一番，但有几个问题必须注意。

　　①避免直话相问。如"您叫什么名字？"这样显得很鲁莽，而要尽量委婉一些："请问尊姓大名？"或"请问贵姓"或"不知该怎样称呼您"、"您是"等。

　　②不要涉及对方的敏感区。如"您多大了？""您结婚了吗？""您有几个孩子啦？"

　　③如果未听清对方的姓名。可以说："对不起，我没有听清尊姓大名。"这时，被询问者应把姓名重复一遍。

06 敬烟奉茶要礼节到位

先说敬烟的礼节。在允许吸烟的场合,吸烟、敬烟也有一些礼貌的规则,只是认定"礼多人不怪"。敬烟如果一定要敬到使人头昏脑胀才罢,那是不礼貌的。

如今在办公场所吸烟几乎都被看成是一种违反社会公德的行为,因此,只有在主人明确地邀请你抽烟时方可点烟。如果你主动地问"我抽烟你介意吗",对方一般出于礼貌,只能回答"当然不介意",但是烟一点着即大错铸成。你的行为已被看成没有教养。即使主人是个烟民,出于礼貌还是不要在有不抽烟的人在场时抽烟。

吸烟时一定要注意防止火灾的发生,如不要把火柴梗和烟蒂随地一丢或不熄灭就丢在垃圾里。

一般认为,在以下场合禁止吸烟:

第一,很多人拥挤在狭小房间内;

第二,制作或整理资料文件时;

第三,接待室里没有烟灰缸时;

第四,在走廊或楼梯上行走时;

第五,坐在饭桌旁或在对方还未吃完饭时;

第六,在飞机、汽车等交通工具内。

主人在敬烟前,应询问客人是否会吸烟,如有女士在座,还应征得她的同意。如果来宾较多或同座身份高的人士都不吸烟时,则主人也最好不吸烟。在正式的会见、会谈或隆重庄严的仪式上,不允许给其他人敬烟，自己也不得吸烟。对宗教人士和信奉基督教、伊斯兰教的客人不要敬烟。

如果客人是初次来访或在商务洽谈等场合，需要敬烟时，不要直接用手取烟给客人，这样手持烟来回推让，可能使病毒、细菌传播给对方，这是很不卫生的。只要将原包打开口，把烟弹出少许，按照先客人后主人的礼遇顺序递过去，待客人取出后，主人再取出打火机或火柴，替客人点好烟。尔后自己再取出一根来吸。正在吸烟时，如果与人打招呼或说话，应将烟取下，否则将被视为不尊重对方。

如果自己正在戒烟或者自己不喜欢抽烟，那么即使是客人或上司敬的烟也可以谢绝。但在婚礼上，对新郎或新娘敬的烟不能不接，即使自己不吸烟也要吸上几口，待人家应酬他人时再熄掉。对方一进门，主人就立刻拿烟来吸是很不礼貌的行为，至少等双方寒暄完毕，切入正题之后再拿出烟来吸。

当客人或上司取出香烟准备吸的时候，主动帮助点烟是表示敬意的做法，但是反复地去主动帮助点烟，反倒让人生厌。因此在商务活动中，除非对方在口袋里反复寻找火柴或打火机，一般没有必要主动为他人点烟。

吸烟时，不要吸了一半就扔掉，也不要吸到烧手或过滤嘴边，才去熄灭。烟蒂应放进烟灰缸内熄灭，以免冒出难闻的烟味。

有的人吸烟时喜欢仰面朝天吐出一个又一个烟圈，这个技艺是不值得炫耀的。向着别人的面孔吞云吐雾，即使对方也是抽烟的人，这样做也是非常失礼的。

向他人敬烟之后，应主动掏出打火机或火柴为对方点烟。但要记住一次不要点两支以上的烟，点过两支烟后要重新打火再为其他人点烟。有人为了表示热情好客，一次打火要点许多支烟，甚至为此不惜烧痛了自己的手指。这样做其实是吃苦不讨好的。

在英国，有"一火不点三支烟"之说，即一个人拿出打火机或火柴为大家点烟，绝不能连续点三支；而要在点过两支烟后停下来，换一根火柴或熄灭打火机后再打着，然后给第三人点烟。否则，据说会给三人中的某人招来不幸。

其所以如此，据说是因为在第一次世界大战期间，有三个士兵夜间在战壕里吸烟，其中一人划着火柴给另二人和自己点了烟。由于火柴的发光时间较长，正好成了敌人从容瞄准的目标。结果一个士兵被枪打死了。此后"一火点三支烟"演变成忌讳之举。

再说奉茶的礼节。有客来访，待之以茶，以茶会友，情谊长久。这是我国传统的待客方式。此事虽小，却不得马虎大意。

在招待客人时，对茶具和茶叶的选择应有所讲究。从卫生健康角度考虑，泡茶要用壶，茶杯要用有柄的，不要用无柄的茶杯。目的是避免手与杯体、杯口接触，传播疾病。

茶具一般选择陶质或瓷质器皿。陶质器皿以江苏宜兴的紫砂茶具为最佳。不要用玻璃杯，也不要用热水瓶代替茶壶。如用高杯（盖杯）时，则可以不用茶壶。

茶叶的选择：外国人一般饮红茶，并在茶中添加糖、牛奶或奶油等；我国由于幅员辽阔、气候各异，各地饮茶习惯也不尽相同。广东、福建、广西、云南一带习惯饮红茶，近几年受港澳台的影响，饮乌龙茶的人也多了起来。江南一带饮绿茶的比较普遍。北方（习指淮河以北）人一般习惯饮花茶。西藏、内蒙古、新疆地区的少数民族，则大多习惯饮浓郁的紧压茶。就年龄来讲，一般地说，青年人多喜欢饮淡茶、绿茶。老年人多喜欢饮浓茶、红茶。

喝茶时对茶的评价标准主要是其色、香、味。色，即水色，以液艳色秀，水底明净为上；味，即滋味，以味醇甘鲜，苦而不涩为妙；香，即香气，以甘香清郁为佳。

沏茶之前，要首先洗手，并洗净茶杯或茶碗。最好当面洁具，这样可以使客人喝起来放心。还要特别注意检查茶杯或茶碗有无破损或裂纹，若有是不能用来待客的。

奉茶的时机，通常是在客人就座后，开始洽谈工作之前。如果宾主已经开始洽谈工作，这时才端茶上来，免不了要打断谈话或为了放茶而移动桌上的文件，这是失礼的。值得注意的是，喝茶要趁热，凉茶伤胃，茶浸泡过久会泛碱味，不好喝，故一般应在客人坐好后再沏茶。

上茶时一般由主人向客人献茶，或由接待人员给客人上茶。上茶时最好用托盘，手不可触碗面。奉茶时，按先主宾后主人，先女宾后男宾，先主要客人后其他客人的礼遇顺序进行。不要从正面端来，因为这样既妨碍宾主思考，又遮挡视线。得体的做法，应从每人的右后侧递送。

陪伴客人品茶要随时注意客人杯中茶水存量，随时续水。每杯里茶水不宜斟得过满，以免溢出洒在桌子上或客人的衣服上。一般每杯里应斟七分满即可，应遵循"满杯酒半杯茶"之古训。如用茶壶泡茶，则应随时观察添满开水，但注意壶嘴不要冲客人方向。

不论客人还是主人，饮茶要边饮边谈，轻啜慢咽。不宜一次将茶水饮干，不应大口吞咽茶水，喝得咕咚作响。应当慢慢地一小口一小口地仔细品尝。如遇漂浮在水面上的茶叶，可用茶杯盖拂去，或轻轻吹开，切不可从杯里捞出来扔在地上，更不要吃茶叶。

我国旧时有以再三请茶作为提醒客人，应当告辞了的做法，因此在招待老年人或海外华人时要注意，不要一而再，再而三地劝其饮茶。

第八章　取和舍分

建立和谐的同事关系

◆————————————————————

是为人处世之道中的重要一环同事关系是十分重要
的社交关系。一个人走上工作岗位以后，接触最多
的除了家人就是同事，维系和谐的同事关系一方面
可以让自己心情愉快地完成八小时的工作，另一方
面对自己的工作和整个职业生涯都大有裨益。因此，
掌握一些与同事交往的社交技巧是提高个人为人处
世整体水平的玄机之一。

01 维护和谐的同事关系是处世哲学的重要环节

同学时代的友谊固然可贵，可惜天下没有不散的筵席。踏入社会后，面对朝夕相处的同事，又该如何与之相处呢？

同事关系与同学关系大不相同，你面临的不是同龄人，各人的教育背景，性格特征，价值观念，处世哲学等不可能完全一致，即使我们一起告别学校，共同进入某单位工作，我们之间的关系由同学关系而变为同事关系。我们之间关系的状况可能会有这样三个不同阶段。

第一阶段：和谐的阶段。在头三四年里，你我他对单位、工作、同事都还陌生，大家都需要摸索工作规律，了解单位和同事们的情况，这一时期安全需要是我们共同的优势需要。同样的需要、同等的地位、相同的感情把我们紧紧联系在一起，我们可以做到无话不谈、互相帮助、互相谅解，我们的关系可谓亲密无间。

第二阶段：不和谐的阶段。数年后，我们对单位、业务工作都熟悉了，与同事建立起一定的人际关系，此时尊重和自我需要成为优势需要。你我他相当关心其他的同事、特别是领导对"我"的评价，关注"我"在单位的作用、地位和前景。然而，由于各自的能力、人际关系、机遇等因素，我们之间开始产生差距：评价、地位、作用、发展前途不同。

此时，我们相互间不再像以往那样可以推心置腹地无话不谈了，相互心理投入"量"减少了，关系不知不觉地发生了微妙的变化。

第三阶段：沉重的阶段。此时，我们的职务发生了变化，有的人得到提升，有的还在原地踏步，自我实现的前景似乎有所不同。客观上的地位差别，往往会形成主观上的心理距离，甚至有人会产生命运不好、怀才不遇等感觉，于是交往的频率必然相应减低。然而，人是有感情的，回首往事，大家心中不免有些怅然，为什么我们与同事不能始终保持第一阶段关系呢？也就是说，为什么我们不能建立并发展起坦诚平等、互让互谅的关系呢？

要克服以上的分歧是可能的，而且在现实生活中这样的同事关系并不少见。但是，良好的同事关系不会自然形成，需要我们共同遵循一定的行为准则。

行为准则之一：用你的行为使同事认识到，与你相交是安全的。换言之，使对方得到安全感。根据马斯洛的"金字塔"，安全需要是人的低层次需要，但却是必不可少的首属需要。为此你应该：在与同事交往中不探听、更不可揭露他人的隐私；不背后道人之长短，更不可搬弄是非；人孰无过，因此要不记人过错，更不可存报复之心；不狂妄自大，更不可事事处处尽占上风。这样，同事们自然会认为你是忠实可靠的同事又是朋友，便会毫无顾虑地同你交往、合作了。

行为准则之二：需要的满足是相互的，人际交往的目的是彼此满足需要。在人际交往中一方传输信息、感情或者物质等等，另一方理应相应地作出报偿，如态度的转变、交往频率和深度的增加、感情的融洽、关系改善等等。如果人际交往中付出和报偿不公平，则人际关系将受到影响。如果你我待人真诚、不谋私利、急人所急、豁达大度，那么同事关系一定是好的；反之，若有己无人，盛气凌人，贪得无厌，粗鲁野蛮……那么同事关系必然不好。

行为准则之三：注意交往的时空距离。我们已经知道，人际关系一般与交往距离的远近，交往时间的多少、长短成正比，因此一个班组，一个办公室的同事关系一般较密切。为了便于向同事交换信息，沟通感情，消除隔阂——也即消除交往中对另一方传输的信息的误解，一般需要进行面对面的人际交往，同时应经常进行交往。然而，我们也要注意交往过度会造成心理及感情上的饱和这一因素，因此，同事间的交往，无论从频率上讲，还是从空间上讲都要恰如其分，即保持"君子之交"的时空距离。这样各自都能冷静地处理相互关系，不致因交往过密而对另一方产生过高的期望，一旦这一期望不能实现（工作上的意见分歧或冲突），就会产生失望感，甚至怨恨情绪，反而不利于保持正常的关系。

行为准则之四：正确对待竞争。在现代社会，各单位、公司都有晋升、加薪的机会，你我他都有好胜争强之心，这是自强不息的表现，也是满足自我实现需要的表现。因此，同事间相互竞争是正常的。围绕着一个共同的目标而展开的竞争，有利于相互促进，有利于共同目标和个人抱负的实现，它是组织和个人是否有活力的标志之一。既然如此，在竞争中你我他都应有这样的认识和态度：在竞争中人人平等，人人都有获胜的机会，也有失败的可能；胜要胜得光荣，输要输得坦然；要戒妒——输者不嫉妒，戒骄——胜者不骄傲。胜负只说明过去。今天你晋级了，我衷心向你祝贺，诚心向你学习，争取明天再分高低。你我他，在竞争中是对手，在工作中是同事，在生活中是友人；争而不伤团结，不失风格，得意时不忘形，受挫时不丧志。这样，同事关系决不会因竞争而受到损害。

行为准则之五：正确认识自我，表现自我。所谓自我，是个人生理、心理和社会化三者的统一。正确认识自我，就是要对自己的体能、智能、价值、社会权利和义务、社会责任和社会地位等有一个符合实际的评价，形成正确的自我意识。在行为举止中表现出自尊而不自傲，自爱而不自卑，自律而不自弃。在对待自我理想和抱负的实现方面，既看到个人的能动性和潜力；同时要清醒地认识到，离开社会、离开集体、离开同志们的协助，自己必将一事无成。这样我们就会在交往中注意自我和社会大我的结合；我们就会有强烈的与他人交往的热忱，乐于与同事交换和分享信息、情报；我们就会在与同事和领导的交往中，保持平等自然的态度，不卑不亢，落落大方；我们就会既有强烈的自我实现愿望，同时又有强烈的与他人合作的愿望。完全可以肯定，同事们一定会尊敬这样的人，愿意与这样的人交往、共事。

要搞好同事关系，除了注意以上的五个行为准则外，还要切记如下要点，才能与同事相处得好：

首先要以诚待人。而且要讲信用。能赢得别人的信赖，自己也会心安理得，一切都会顺利。

欣赏别人的优点最容易博得别人的好感。希望引起别人的注意，希望别人知道自己的优点，是人的天性。因此，当你诚心赞誉别人时，对方就会以你为知己。

养成尊重别人私生活的习惯。中国人喜欢嘘寒问暖，关怀别人，因此，往往容易流于谈论别人的私事。要尽量避免这种情形发生。很多事情，局外人无法了解，更没有资格去说长道短。

与同事相处，特别要注意公私分明，不能因为是亲朋好友而在公事上带上感情。夫妻或情侣如果在同一办公室，上班时间最好公事公办，不要经常粘在一起，以免别人说闲话。

同事工作有成绩，千万不要嫉妒，要真心欣赏别人，向别人看齐，这也是一种具有积极意义的竞争。

每个人为了维护自己的利益和地位，有时会在心理上筑一道藩篱。如果要取得每位同事的密切合作，就应该尽量向别人表示自己的善意，经常考虑别人的立场和利益，不要自认为高人一等。

不要冷语讥讽他人，不要斤斤计较小利，否则，大家会对你望而生畏，设法避开你，这样你将失去与同事合作的机会。

使人有安全感，是你与同事相处的关键。前面已经提及多次。不要计较他人的过错，不要使人感到你有抱负的意图。与别人谈话不能要求次次占上风、讨便宜，这样你才能成为最忠诚可靠的朋友。

古人说："上不失天时，下不失地利，中得人和，而百事不废。"用现代话来说，同事、上下级关系和谐，则万事兴，也就是单位的生产率、工作效率可以提高，组织的计划、目标能顺利实现，你我他个人的愿望和抱负也可因此而实现。

02 及时化解同事之间的小矛盾

同事几乎天天见面，各人的性格脾气禀性、优点和缺点也暴露得比较明显，尤其各人行为上的缺点和性格上的弱点暴露得多了，就会引起各种各样的冲突和矛盾。

宋蕾越来越讨厌财务部的王会计，每次到她那里去取报表什么的，都要费半天劲，结果还被经理说成是"办事慢吞吞"！王会计也非常讨厌宋蕾，觉得她整天咋咋呼呼，不尊敬老员工，结果两人越弄越僵，宋蕾摔东西、使脸色，王会计就说东道西、指桑骂槐。宋蕾真想换工作，可除了与王会计的矛盾外，一切都很顺利，她还真舍不得这份工作，她该怎么办呢？

处在一个办公室里，低头不见抬头见，如果跟同事闹矛盾，不但伤害感情，也影响工作，事情闹大了，还容易引起领导不满，影响自己的前途，所以跟同事闹矛盾就是在自找麻烦。

其实同事之间有了矛盾，仍然可以来往。首先，任何同事之间的意见往往都是起源于一些具体的事件，而并不涉及个人的其他方面。事情过去之后，这种冲突和矛盾可能会由于人们思维的惯性而延续一段时间，但时间一长，也会逐渐淡忘。所以，不要因为过去的小意见而耿耿于怀。只要你大大方方，不把过去的事当一回事，对方也会以同样豁达的态度对待你。

其次，即使对方对你仍有一定的成见，也不妨碍你与他的交往。因为在同事之间的来往中，我们所追求的不是朋友之间的那种友谊和感情，而仅仅是工作、是任务。彼此之间有矛盾没关系，只求双方在工作中能合作就行了。由于工作本身涉及双方的共同利益，彼此间合作如何，事情成功与否，都与双方有关。如果对方是一个聪明人，他自然会想到这一点；这样，他也会努力与你合作。如果对方执迷不悟，你不妨在合作中或共事中向他点明这一点，以利于相互之间的合作。

同事之间有了矛盾并不可怕，只要我们能够面对现实，积极采取措施去化解矛盾，同事之间仍会和好如初，甚至比以前的关系更好。

要化解同事之间的矛盾，你应该采取主动态度，不妨尝试着抛开过去的成见，更积极地对待这些人，至少要像对待其他人一样地对待他们。一开始，他们会心存戒意，而且会认为这是个圈套而不予理会。耐心些，没有问题的，将过去的积怨平息的确是件费工夫的事儿。你要坚持善待他们，一点点地改进，过了一段时间后，表面上的问题就如同阳光下的水，一蒸发便消失了一样。

如果是深层次的问题，你可以主动找他们沟通，并确认是否你不经意地做了一些事儿得罪了他们。当然这要在你做了大量的内部工作，且真诚希望与对方和好后才能这样行动。曾见到有些人坐在一起，表面上为了解决问题，而实际上却是大家更强硬地陈述自己的观点。

他们可能会说，你并没有得罪他们，而且会反问你为什么这样问。你可以心平气和地解释一下你的想法，比如你很看重和他们建立良好的工作关系，也许双方存在误会等等。如果你的确做了令他们生气的事儿，而他们又坚持说你们之间没有任何问题时，责任就完全在他们那一方了。

或许他们会告诉你一些问题，而这些问题或许不是你心目中想的那一个问题，然而，不论他们讲什么，一定要听他们讲完。

同时，为了能表示你听了而且理解了他们讲述的话，你可以用你自己的话来重述一遍那些关键内容，例如："也就是说我放弃了那个建议，那你感觉我并没有经过仔细考虑，所以这件事使你生气。"现在你了解了症结所在，而且可以以此为重新建立良好关系的切入点，但是，良好关系的建立应该从道歉开始，你是否善于道歉呢？

如果同事的年龄、资格比你老，你不要在事情正发生的时候与他对质，除非你肯定你的理由十分充分。更好的办法是在你们双方都冷静下来后解决，即使是在这种情况下，直接地挑明问题和解决问题都不太可能奏效。你可以谈一些相关的问题，当然，你可以用你的方式提出问题。如果你确实做了一些错事并遭到指责，那么要重新审视那个问题并要真诚地道歉。类似"这是我的错"这种话是可能创造奇迹的。与同事相处千万不能太较真，一些鸡毛蒜皮的小事就让它过去，斤斤计较只会使彼此都不愉快。

03　适当的距离有益无害

与同事相处千万要拿捏好"距离"，太远了人家会认为你不合群、孤僻，太近了人家又会说闲话，而且也容易让上司误解，认定你在搞小圈子，所以只有不远不近的同事关系才是最理想的。

有人认为"好朋友最好不要在工作上合作",有一定道理。

一天,公司来了一位新同事,他不是别人,正是你的好友,而且,他将会成为你的搭档。上司将他交托与你,你首要做的是向他介绍公司分工和其他制度。这时候,不宜跟他拍肩膀,以免惹来闲言闲语。

大前提是公私分明,在公司里,他是你的搭档,你俩必须忠诚合作,才可以制造良好的工作效果。

私底下,你俩十分了解对方,也很关心对方,但这些表现最好在下班后再表达吧,跟往常一样,你俩可以联袂去逛街、闲谈、买东西、打球,完全没有分别,只是,奉劝你一句,闲暇时,以少提公事为妙。

当一位旧同事吃回头草,重返公司工作时,你有必要注意自己的态度。因为旧人对你和公司都有一定的了解,即是说他并不需要时间去适应。

首先,你得清楚,这位仁兄以前的职级如何?与你的关系怎样?他的作风属哪类型?如今重返旧巢,他的地位会改变吗?

此君若以前与你共过事,请不要在人前人后或他面前主动再提以往的事,就当是新同事合作吧,避免大家尴尬。要是他过去与我不相干,如今却成了搭档,不妨向对他有些了解的同事查问一下他以往的历史,但要装作轻描淡写,不留痕迹。

某位同事生性暴躁,常因小事就"唠叨"不已,虽则事后他会不把事情放在心上,但事前的粗声粗气或过烈反应,却叫你闷闷不乐。

暗自纳闷,只会害苦了自己,何不想个改善之法呢?须知道,同事相见的时间往往比家人还多,经常如鲠在喉,太难捱了吧,恐怕间接还会影响工作情绪。

对付这些脾气刚烈之人，最佳办法是以静制动。然而，不要误会，并非采取凡事"忍耐"的策略，相反，却是积极和主动。

细想一下，有同感的肯定不只你一个人，所以不妨就由对方猛烈诉说下去，你却处之泰然，保持缄默。即使有其他同事表示不平，你也坚守原则。直至事情明朗化，对方的态度平和下来，你再摆出明白事理的态度来，细心将事情分析，如此，你必能打败对方。

只有和同事们保持合适距离，才能成为一个真正受欢迎的人。你应当学会体谅别人。不论职位高低，每个人都有自己的工作范围和责任，所以在权力上，切莫喧宾夺主。不过记着永不说"这不是我分内事"这类的话，过于泾渭分明，只会搞坏同事间的关系。在筹备一个任务前，谦虚地问上司："我们希望得到些什么？""要任务顺利完成，我们应该在固有条件下做些什么？"

永不道人长短。比较小气和好奇心重的人，聚在一起就难免说东家长西家短，成熟的你切忌加入他们的一伙。偶尔批评或调笑一些公司以外的人，倒是无伤大雅，但对同事的弱点或私事，保持缄默才是聪明的做法。记住，搞小圈子，有害无益。公私分明亦是重要的一点。同事众多，总有一两个跟你特别投机，私底下成了好朋友也说不定。但无论你职位比他高或低，都不能因为要好这原因，而偏袒或恃势。一个公私不分的人，是做不了大事的，更何况，老板们对这类人最讨厌，认为不能信赖。所以你应该知道取舍。好同事不等于好朋友，你应该随时提醒自己这一点。同事关系好，就把你们的友谊留在八小时之内吧，下了班后还是不要侵入别人的私人空间，与同事建立起良好的友谊也要注意火候，太"热"了也不是一件好事。

04 对同事间的应酬不能忽视

社交中的应酬，是一门人情练达的学问，它可以拉近距离、联系感情。同事间的应酬有很多：小张结婚、大李生子、赵姐升迁、小童生日……你一定要积极一点，帮人凑份子、请客、送礼，因为应酬是最能联系感情的办法，善于交际的人一定会抓住它大做文章。

一位同事生日，有人提议大家去庆贺，你也乐意前行，可是去了以后发现，这么多的人，偏偏来为他贺岁，他们为什么不在你生日的时候也来热闹一番？这就是问题所在，这说明你的应酬还不到位，你的人际关系还有欠佳的时候。要扭转这种内心的失落，你不妨积极主动一些，多找一些借口，在应酬中学会应酬。

比如你新领到一笔奖金，又适逢生日，你可以采取积极的策略，向你所在部门的同事说："今天是我的生日，想请大家吃顿晚饭，敬请光临，记住了，别带礼物。"在这种情形下，不管同事们过去和你的关系如何，这一次都会乐意去捧场的，你也一定会给他们留下一个比较好的印象。

小方上班已经快半个月了，与同事的关系却还停留在"淡如水"的阶段，看着其他同事彼此间亲亲热热，小方真是又羡慕又无奈。这天是周五，行政部的王小姐大声宣布："明天我生日，我请大家吃饭，愿意来的呢，明天下午3点，在公司门口会合！"大家听了都非常高兴，叽叽喳喳议论个不停，当然，小方依旧是被冷落的那一个。"去不去呢？人家又没邀请我！"下班后小方一直在考虑这个问题，最后一咬牙，还是决定去。第二天，他准时来到公司门口，当他把准备好的礼物送给王小姐时，她明显愣了一下，但马上就笑开了，并对小方表示了热情的欢迎。那一天他们玩得非常尽兴，小方还两次登台献艺，办公室里的尴尬气氛就这样打开了，小方也成功地融入了这个集体。

如果没有参加这次应酬，小方可能还得在办公室的"北极地带"继续徘徊，可见应酬确实是联络感情的最好办法，吃喝笑闹间，双方的距离就被拉近了。

重视应酬，一定要入乡随俗。如果你所在的公司中，升职者有宴请同事的习惯，你一定不要破例，你不请，就会落下一个"小气"的名声。如果人家都没有请过，而你却独开先例，同事们还会以为你太招摇。所以，要按约定俗成来办。这是请与不请、当请则请的问题。

重视应酬，还有一个别人邀请，你去与不去的问题。人家发出了邀请，不答应是不妥的，可是答应以后，一定要三思而后行。

对于深交的同事，有求必应，关系密切，无论何种场面，都能应酬自如。

浅交之人，去也只是应酬，礼尚往来，最好反过来再请别人，从而把关系推向深入。

能去的尽量去，不能去的就千万不能勉强。比如同事间的送旧迎新，由于工作的调动，要分离了，可以去送行；来新人了可以去欢迎。欢送老同事，数年来工作中建立了一定的情缘，去一下合情合理；欢迎新同事就大可不必去凑这个热闹，来日方长，还愁没有见面的机会吗？

重视应酬，不能不送礼，同事之间的礼尚往来，是建立感情、加深关系的物质纽带。

同事在某一件事上帮了你的忙，你事后觉得盛情难却，选了一份礼品登门致谢，既还了人情，又加深了感情，同事间的婚嫁喜庆，根据平日的交情，送去一份贺礼。既添了喜庆的气氛，又巩固了自己的人缘。像这种情况，送礼时要留意轻重之分，一般情况礼到了就行了，千万不要买过于贵重的礼品。

同事间送礼，讲究的是礼尚往来，今天你送给我，我明天再送给你，所以，不论怎样的礼品，应来者不拒，一概收下。他来送礼，你执意不收，岂不叫人没有面子？倘若你估计到送礼者别有图谋，推辞有困难，不能硬把礼品"推"出去，可将礼品暂时收下，然后找一个适当的借口，再回送相同价值的礼品。实在不能收受的礼物，除婉言拒收外，还要有诚恳的道谢。而收受那些非常礼之中的大礼，在可能影响工作大局和令你无法坚持原则的情况下，你硬要撕破脸面不收，也比你日后落个受贿嫌疑强。这叫作"君子爱礼，收之有道"。

应酬，是处理好同事关系的法宝之一，嫌应酬麻烦而躲避它的人，会被人说成是不懂得人情世故，处理好应酬的人必定会受到同事的欢迎。

05 注意自己在办公室的言行细节

同在一个办公室里，有人能和同事打成一片，有人却孤孤单单，除了重大问题上的矛盾和直接的利害冲突外，平时不注意自己的言行细节也是一个原因。下面这些言行是办公室中应避忌的，检查一下你自己是否疏忽了！

（1）好事不通报

陆群的表姐是管后勤的，所以单位里有什么好事，比如发几箱水果了、组织看电影了，陆群总能最先得到消息，自然他每次都能领到最好的。但不知出于什么想法，有好事时陆群从来不向大家通报，大家自然也就离他远远的。现在看到陆群一个人行动时，同事就会冷笑着说："瞧！不知道又有什么好事了！"

单位里发物品、领奖金等，你先知道了，或者已经领了，一声不响地坐在那里，像没事儿似的，从不向大家通报一下，有些东西是可以代领的，也从不帮人领一下。这样几次下来，别人自然会有想法，觉得你太不合群，缺乏共同意识和协作精神。以后他们有事先知道了，或有东西先领了，也就有可能不告诉你。如此下去，彼此的关系就不会和谐了。

（2）明知而推说不知

同事出差去了，或者临时出去一会儿，这时正好有人来找他，或者正好有他的电话，如果同事走时没告诉你，但你知道，你不妨告诉他们；如果你确实不知，那不妨问问别人，然后再告诉对方，以显示自己的热情。明明知道，而你却说不知道，一旦被人知晓，那彼此的关系就势必会受到影响。外人找同事，不管情况怎样，都要真诚和热情，这样，即使没有起实际作用，外人也会觉得你们的同事关系很好。

（3）进出不互相告知

你有事要外出一会儿，或者请假不上班，虽然批准请假的是领导，但你最好要同办公室里的同事说一声。即使你临时出去半个小时，也要与同事打个招呼。这样，倘若领导或熟人来找，也可以让同事有个交代。如果你什么也不愿说，进进出出神秘兮兮的，有时正好有要紧的事，人家就没法说了，有时也会懒得说，受到影响的恐怕还是你自己。互相告知，既是共同工作的需要，也是联络感情的需要，它表明双方互有的尊重与信任。

（4）不说可以说的私事

有些私事不能说，但另外一些私事说说也没有什么坏处，比如你的男朋友或女朋友的工作单位、工种、学历、年龄及性格脾气等。如果你结了婚，有了孩子，有关爱人和孩子方面的话题，在工作之余，都可以顺便聊聊，它可以增进了解，加深感情。倘若这些内容都保密，从来不肯与别人说，这怎么能算同事呢？无话不说，通常表明感情之深；有话不说，自然表明人际距离的疏远。你主动跟别人说些私事，别人也会向你说，有时还可以互相帮帮忙。你什么也不说，什么也不让人知道，人家怎么信任你？信任是建立在相互了解的基础之上的。

（5）有事不肯向同事求助

轻易不求人，这是对的，因为求人总会给别人带来麻烦。但任何事情都是辩证的，有时求助别人反而能表明你的信赖，能融洽关系，加深感情。比如你身体不好，你同事的爱人是医生，你不认识，但你可以通过同事的介绍去找，以便诊得快点、诊得细点。倘若你偏不肯求助，同事知道了，反而会觉得你不信任人家。你不愿求人家，人家也就不好意思求你；你怕人家麻烦，人家就以为你也很怕麻烦。良好的人际关系是以互相帮助为前提的。因此，求助他人，在一般情况下是可以的。当然，要讲究分寸，尽量不要使人家为难。

（6）拒绝同事的"小吃"

同事带点水果、瓜子、糖之类的零食到办公室，休息时间，你就不要推，不要以为吃人家的东西难为情而一概拒绝。有时，同事中有人获了奖或评上职称什么的，大家高兴，要他买点东西请客，这也是很正常的，对此，你可以积极参与。不要冷冷地坐在旁边一声不吭，更不要人家给你，你却一口回绝，表现出一副不屑为伍或不稀罕的神态。人家热情分送，你却每每冷拒，时间一长，人家有理由说你清高和傲慢，觉得你难以相处。

（7）喜欢嘴巴上占便宜

在同事相处中，有些人总想在嘴巴上占便宜。有些人喜欢说别人的笑话，讨人家的便宜，虽是玩笑，也绝不肯以自己吃亏而告终；有些人喜欢争辩，有理要争理，没理也要争三分；有些人不论国家大事，还是日常生活小事，一见对方有破绽，就死死抓住不放，非要让对方败下阵来不可；有些人对本来就争论不清的问题也想要争个水落石出；有些人常常主动出击，人家不说他，他总是先说人家……这种喜欢在嘴巴上占便宜的人，实际上是很愚蠢的。他给人的感觉是太好胜，锋芒太露，难以合作。因此，讲笑话、开玩笑，有时不妨吃点亏，以示厚道。你什么都想占便宜，想表现得比别人聪明，最后往往是人家对你敬而远之，没人说你好。

（8）神经过于敏感

有些人警觉性很高，对同事也时时处于提防状态，一见人家在议论，就疑心在说他；有些人喜欢把别人往坏处想，动不动就把别人的言行与自己联系起来；有些人想象力太丰富，人家随便说了一句，根本无心，他却听出了丰富的内涵。过于敏感其实是一种自我折磨，一种心理煎熬，一种自己对自己的苛刻。同事间，有时还是麻木一点为好。神经过于敏感的人，关系肯定搞不好。过分的敏感，就像天平，米多了一粒，就马上显出重了；米少了一粒，就马上显出轻了。如此灵敏的东西，多么难以操作！人与人也相同，你太敏感，人家就会觉得无法与你相处。

（9）该做的杂务不做

几个人同在一个办公室，每天总有些杂务，如打开水、扫地、擦门窗、夹报纸等，这些虽都是小事，但也要积极去做。如果同事的年纪比你大，你不妨主动多做些。懒惰是人人厌恶的，如果你从来不打开水，可每天都要喝，报纸从来不夹，可每天都争着看，久而久之，人家对你就不会有好感。如果你自己的房间收拾得非常干净，可在办公室里却从不扫地，那么人家就会说你比较自私。几个同事在一起，就是一个小集体，集体的事，要靠集体来做，你不做，就或多或少有点不合群了。

（10）领导面前献殷勤

对单位的领导要尊重，对领导正确的指令要认真执行，这都是对的。但不要在领导面前献殷勤，溜须拍马。有些人工作上敷衍塞责，或者根本没本事，一见领导来了，就让座、倒茶、递烟，甚至公开吹捧，以讨领导的欢心。这种行为，虽然与同事没有直接的利害关系，但正直的同事都是很反感的。他们会在心里瞧不起你，不想与你合作，有的还会对你嗤之以鼻。如果你的上司确实优秀，你真心诚意佩服他，那就应该表现得含蓄点，最好体现在具体工作上。有些人经常瞒着同事向上司反映问题，而这些问题往往是同事们平时在办公室里谈论的。这实际上是一种变相的献殷勤，同事得知后，也极其厌恶。

"千里之堤，溃于蚁穴"，一些小细节看起来不起眼，却可能对人际关系产生重大影响，不注意纠正的话，你就会成为办公室里不受欢迎的人。

第九章　取宜舍乱

进退适宜是与领导交往中

必须把握的处世原则在单位里，领导对你的评价一看你的工作表现，二看你为人处世的方式，而领导的评价直接关系到你的事业成败。所以，与领导接触尤须谨慎小心，这里需要把握的一个处世原则是进退适宜：当进则进，进得义无反顾；当退则退，退得悄无声息。

01 以诚恳的态度面对领导的批评

当我们受到上司批评时，最需要表现诚恳的态度，从批评中确实受到了教育，得到启发，改进了工作方法。最令上司恼火的，就是他的话被你当成了"耳旁风"。如果你对批评置若罔闻，依然我行我素，这种效果也许比当面顶撞更糟。因为，你的眼里没有领导，太瞧不起他。

批评有批评的道理，错误的批评也有其可接受的出发点。切实地说，受批评才能了解上司，接受批评才能体现对上司的尊重。比如说错误的批评吧，你处理得好，反而会变成有利因素。如果你不服气，发牢骚，那么，你这种做法产生的负效应，足以使你和领导之间的感情距离拉大，关系恶化。当领导认为你"批评不起"、"批评不得"时，也就产生了相伴随的印象——认为你"用不起"、"提拔不得"。

当然，公开场合受到不公正的批评、错误的指责，心理上是难以接受的，思想上也会造成波动。妥善的方法是，你可以一方面私下耐心做些解释；另一方面，用行动证明自己。如果是当面顶撞，则是最不明智的做法。既然是公开场合，你觉得下不了台，反过来也会使领导下不了台。其实，你能坦然大度地接受其批评，他会在潜意识中产生歉疚之情，或感激之情。也会琢磨，这次批评到底是对还是错？

依靠公开场合耍威风来显示自己的权威，换取别人的顺从，这样不聪明的领导是不多的。其实，你真遇到这种领导，更需要大度能容，只要有两次这种情况发生，跌面子的就不再是你，而是他本人了。

同领导发生争论，要看是什么问题。比如你对自己的见解确认有把握时，对某个方案有不同意见时，与你掌握的情况有较大出入时，对某人某事看法有较大差异时，等等。请记住：当领导批评你时，并不是要和你探讨什么，所以此刻决不宜发生争执。

受到上级批评时，反复纠缠、争辩，非得弄个一清二楚才罢休，这是很没有必要的。确有冤情，确有误解怎么办？可找一两次机会表白一下，点到为止。即使领导没有为你"平反昭雪"，也完全没必要纠缠不休。

在晋升的过程中，有人充满信心，有人谨小慎微。但不管怎样，突然受到来自上级的批评或训斥，都会造成很大的影响。而要处理得好，首先要明白上司为什么要批评你。

我们可以这样认为：领导批评或训斥部下，有时是发现了问题，必须纠正；有时是出于一种调整关系的需要，告诉受批评者不要太自以为是，或把事情看得太简单；有时是为了显示自己的威信和尊严，与部下有意保持一定的距离；有时是"杀一儆百"、"杀鸡给猴看"。不该受批评的人受批评，其实还有一层"代人受过"的意思……明白了上司为什么批评，你便会把握情况，从容应付。

挨批评虽然在情感上、自尊心上受一定影响，但如果你不情绪低落，而用一种反思维的态度对待自己，即与古人说的"有则改之，无则加勉"，过于追求弄清是非曲直，只会使人们感到你心胸狭窄，经不起任何的考验。

02 珍惜上司的信任

要想争取上司的信任，当然不是一朝一夕之功，有人认为"比其他人做更多的工作，超时工作"是最重要的，这只能是老观念而已。新一代的老板则认为：工作并不算繁重，却要赶时才可完成，这是低智商行为。

要想使上司对你另眼相看，最实际的是在工作尽责外，还要学懂每一个程度地进行。注意你的上司如何做他人的工作，怎样与高层行政人员沟通，其他部门又担任什么角色。当你成为这个行业的专家时，老板当然会对你青睐有加。

如果你能帮助上司发挥其专业水准，对你必然有好处。例如，上司经常找不到需用的文件，你尽快替他将所有档案有系统地整理好。要是他对某客户处理不当，你可以得体地代他把关系缓和。如果他最讨厌做每月一次的市场报告，你不妨代劳。这样，上司觉得你是好帮手后，你自己也可以多储一些工作本钱。

要想自己名利双收，不可只满足于做好自己分内的事，还应在其他方面争取经验，提升自己的工作"价值"，即使是困难重重的任务，也要勇于尝试。分析一下哪些问题才应劳烦老板注意，如果真有难题，请先想想有什么建议，更不应投诉无法改变的条例。

与上司保持良好的沟通。这种技巧十分微妙，给上司简洁、有力的报告，切莫让浅显和琐碎的问题烦扰他，但重要的事必须请示他。

耐心寻找上司的工作特点，以他喜欢的方式完成工作，不要逞强，更不要急于表现自己。

　　随时随地，抓紧机会表示对他忠心耿耿，以你的态度说明一个事实：我是你的好朋友，我会尽己所能为你服务。"言必信，行必果"，说出的话要算数。不要以为上司很愚笨。如果你真的努力这样做，他会看在眼里，一定会很明白你的意思，对你日渐产生好感。

　　听到对公司有什么不利谣言或传闻，不妨悄悄地转告上司，以提醒他注意。

　　不过，你的措辞与表达方式须特别注意，说话简明、直接为最佳方式，以免发生误会。

　　适应不同上司的工作方式，也是白领人士必须懂得的技巧。如何去适应？一点也不困难，只要本着诚意去与对方接触，摒弃一切主观看法或者其他同事的不正确意见即可。

　　上司向你下达任务后，先了解对方的真意，更衡量做法，以免因误会而种下恶根或招来不必要的麻烦。

　　谁都知道与上司建立良好的工作关系，对自己的工作有百利而无一害。

　　自己做错了事，不要找借口和推卸责任。解释并不能改变事实，承担了责任，努力工作以保证不再发生同样的事，才是上策，同时得虚心接受批评。

　　要使上司信任你和准时完成工作。做任何事一定都要检查两次，确认没有错漏才交到上司面前。谨记工作时限，若不能准时做好，应预先通知上司，当然最好不必这样做。必须圆满地把工作完成，不要等上司告诉你应该怎样去做。

　　上司愿意选择你为他的下属，他对你的印象自然很好，你必须丢开对上司的偏见，事事替他着想，把他的事，当成自己的事。

03 居功自傲是应对上司时的大忌

每个人都喜欢当功臣，然而居功是一件很危险的事，功高震主可能会惹恼上司，甚至会产生致命的后果。所以如果有某种工作顺利完成，你就应该主动把"小红花"戴在上司的胸前。

龚遂是汉宣帝时代一名能干的官吏。当时渤海一带灾害连年，百姓不堪忍受饥饿，纷纷聚众造反，当地官员镇压无效，束手无策，宣帝派年已 70 余岁的龚遂去任渤海太守。

龚遂单车简从到任，安抚百姓，与民休息，鼓励农民垦田种桑，规定农家每口人种 1 株榆树、100 棵茭白、50 棵葱、1 畦韭菜，养 2 口母猪、5 只鸡，对于那些心存戒备，依然带剑的人，他劝谕道："干吗不把剑卖了去买头牛？"经过几年治理，渤海一带社会安定，百姓安居乐业，温饱有余，龚遂名声大振。

于是，汉宣帝召他还朝。他有一个属吏王先生，请求随他一同去长安，说："我对你会有好处的！"其他属吏却不同意，说："这个人，一天到晚喝得醉醺醺的，又好说大话，还是别带他去为好！"龚遂说："他想去就让他去吧！"

到了长安后，这位王先生还是终日沉溺在醉乡之中，也不见龚遂。可有一天，当他听说皇帝要召见龚遂时，便对看门人说："去将我的主人叫到我的住处来，我有话要对他说！"

龚遂也不计较他一副醉汉狂徒的嘴脸，还真来了。王先生问："天子如果问大人如何治理渤海，大人当如何回答？"

龚遂说："我就说任用贤才，使人各尽其能，严格执法，赏罚分明。"

王先生连连摆头道："不好！不好！这么说岂不是自夸其功吗？请大人这么回答：'这不是小臣的功劳，而是天子的神灵威武所感化！'"

龚遂接受了他的建议，按他的话回答了汉宣帝，宣帝果然十分高兴，便将龚遂留在身边，任以显要而又轻闲的官职。

做臣下的，最忌讳自表其功、自矜其能，凡是这种人，十有九个要遭到猜忌而没有好下场。当年刘邦曾经问韩信："你看我能带多少兵？"韩信说："陛下带兵最多也不能超过十万。"刘邦又问："那么你呢？"韩信说："我是多多益善。"这样的回答，刘邦怎么能不耿耿于怀！

喜好虚荣，爱听奉承，这是人类天性的弱点，作为一个万人注目的帝王更是如此。有功归上，正是迎合这一点，因此它是讨好上司、固宠求荣屡试不爽的法宝。

自以为有功便忘了上司，总是讨人嫌的，特别容易招惹上司和君王的嫉恨。自己的功劳自己表白虽说合理，但却不合人情的捧场之需，而且是很危险的事情。

而把功劳让给上司，是明智的捧场，稳妥的自保。如果你有能力去完成一件事，那你立功的机会还有很多。把功劳让给上司，就等于让上司欠了你一笔人情债，上司在对你心怀感激之余，自然会努力提拔你，并给你再次建功的机会，所以，把功劳让给上司，你绝对不会吃亏。

04 巧妙应对糊涂上司

并不是所有的上司都精明能干，生活中你也会遇到一些"糊涂"的上司，但他可以糊涂，你却不能糊涂，相应地，必要时不妨针对其特点，以"假糊涂"来对付他的"真糊涂"。

（1）健忘型上司

有的上司很健忘，明明在前一天讲过某一件事，可二三天后，他却说根本没讲过，或者在前一天他讲的是这个意思，可过了二三天，他却说是那个意思。他常常颠三倒四，也常常丢三落四。

对于这样的上司，对付的方法是：当他在讲述某个事件或表明某种观点时，下属可装作不懂，故意多问他几遍，也可提出自己不同的看法，以故意引起讨论来加深上司的印象。在最后，还可以对上司的陈述进行概括，用简短的语言重复给上司听，让他牢牢记住。

有的上司，明明你在上午把某个材料送给他了，下午他会一本正经地说根本没拿，重新向你要。

对这样的上司，最好的办法是，送材料时不要一放就走，或托人转送，可适当延长接触时间，也可对材料做些具体解释，如有旁人，要让他们也知道有这样一个材料，以扩大影响，增加旁证。如是重要材料，可要求上司签字，尽量不要托人转送。倘必须转送，可在送前或送后再打个电话给上司加以说明。

如果你是秘书，接到上级的文件或书面通知，要你们上司参加会议或活动等，就要把通知直接给他，并把有关时间、地点、所带物品等要素用笔画出来，或者把它写在上司的台历上。假如是电话通知，可把具体内容转写成书面通知，直接送交上司，如人不在，可放在办公桌上，但事后见面时要重复一下。

（2）模糊型上司

有的上司在布置工作任务时含含糊糊、笼笼统统，从来没有明确具体的要求；有的既可理解成这样，又可理解成那样；有的前后互相抵触，下属根本无法操作和实施。一旦你去做了，他就会责怪你，说他的要求不是这样，你弄错了。

对经常是这样的上司，在接受任务时，一定要详细询问其具体要求，特别在完成时间、人员落实、质量标准、资金数量等方面尽可能明确些，并一一记录在案，让上司核准后再去动手。

你去请示某项工作，要求得到具体指示或明确答复，可有的上司却"嗯嗯啊啊"一通之后，没有明朗的态度，有的只是说"知道了"，有的则是说"你看着办"。有时，请示或汇报的事具有相互排斥性，即要么行要么不行，有的上司却也没有明确的表示。

为了避免日后不必要的麻烦，做下属的可反复说明旨意，并想方设法诱导其有一个明白的判断。

必要时，可采用提供语言前提的方法，如："你的意思"让上司续接，或者用猜测性判断让上司回答，如：你的意思是不是×××？当上司有了一个比较明确的判断之后，立即重复几遍加以强化，也可进一步延伸，假如是这样，那就会如何。

（3）马虎型上司

有的上司做事很马虎，常常做些啼笑皆非的事，弄得下属们无所适从。有的对上面的文件不仔细研读，对上级召开的会议不认真参加，在没有完全理解基本精神的前提下就发表意见，提出看法，或公开传达。

A公司的马经理和秘书去局里参加房改工作会议。开会时，马经理不是说说笑笑，就是进进出出，很不认真。回本公司传达时，他只照本宣科。当职工提出具体问题时，他语塞了，无法解说清楚，有些地方自己也没理解。此时有人就问在场的秘书。面对尴尬的上司，秘书回答得很巧妙，他不说经理没认真听，也不对问题做具体解释，而是说这些问题上面也没确定，待过几天去问问再做答复。其实，秘书是清楚的，只是为了照顾上司的面子而故意这样说的。事后，秘书就职工提出的问题一一向上司做了解释。秘书这样做从人际关系的角度来说，是完全可行的。

有些上司，对下级的申请、报告、汇报等材料没有仔细看完就定下结论，就签字批示。对此，下级要根据具体情况分别对待，如对自己非常有利，但超过了应有的范围，不要秘而不宣，可含笑指出其不当；倘对自己不利或非常不利，可做出必要的解释，切勿急躁，切勿过分地责怪埋怨，以免个别糊涂的上司恼羞成怒而固执己见，一错到底。有的材料或事件很紧急、很重要，可有些上司却漫不经心，把它搁置在脑后。

对这样的上司，唯一的办法就是反复申明，多次强调，最好三四个人轮番强调，促使其引起重视，认真对待。

（4）无知型上司

这里的无知，指的是不明白、不懂、不明智、外行。有些上司明明自己不懂、外行、不擅长，但他有时装懂、装内行，他想显示自己，他要横插一手，有的还要瞎指挥。

对这样的上司，可分别对待。如是重要的、带有原则性的问题，下属可直接阐明观点，或据理力争，或坚决反对；倘是无关大局的一般性问题，下属则可灵活对付，尽量避免正面冲突和矛盾的激化。

B 市新近建成一座规模较大、设备先进的图书馆。基本竣工时，该市文化局局长授意秘书，要他向下属的图书馆馆长去暗示，要求题写图书馆馆名。秘书深知局长在书法方面的"造诣"，他高中毕业，连柳体和颜体也分辨不出，而且秘书知道图书馆馆长已请省里的一位书法高手题写了馆名。他颇感为难：不去同馆长说，以后局长查问起此事会怪罪自己的；去说，明知如此，不是硬使馆长被动吗？

后来，他出谋划策，和馆长一起商定：让局长题写，也用，但制作简易，材料普通。书法高手题写的暂作备用，但材料讲究，制作精细。以后一旦局长卸任或调任，立即换上备用的。同时派人去向书法高手说明原因，表示歉意。对这样不明智、不识相的上司，采用这种机动灵活的应付办法，应该说许多人都会理解的。

不要忽略了与糊涂型上司的人际关系，跟糊涂的上司打交道显然需要多花些心思，但好处是比较容易获得对方的倚重，而且一旦有机会，他也会不吝于提拔你。

05 关键时刻代领导"受过"

没有不出错误的领导。当领导因出错而面临困境时，作为下属，你应如何呢？聪明的下属总是及时出头，主动承担那些领导的过错，并凭此拉近与领导的联系。

锐丰公司里新招了一批职员，领导抽时间与大家见了个面。

"黄晔（huá）。"

全场一片寂静，没人应答。

领导又念了一遍。

一个员工站了起来，怯生生地说："我叫黄晔（yè），不叫黄（huá）。"

人群中发出一阵低低的笑声。

领导的脸色有些不自然。

"报告经理，我是打字员，是我把字打错了。"一个精干的小伙子站了起来，说道。

"太马虎了，下次注意。"领导挥了挥手，继续念了下去。

这位打字员暂时地代领导受过，相信他以后一定有发展。

果然，一周之后，他被升为公关部经理。

从个人感情上讲，每个领导都喜欢有一个为自己工作上"代过"的下属。如果你能够与领导结为知己，在适当的时候，为领导填补一些工作上的漏洞，维护领导的威信，对自己的事业及前程当然大有好处。

某保健品厂研究所的办公室主任田飞先生，就是因为不懂为领导"代过"而毁了前程的。

数年前，田飞从某名牌大学毕业分到这家保健品厂。由于田飞学历高、办事利索，很快就从车间的技术员调到保健品厂研究所。没几年，又从一名普通研究员晋升为研究所办公室主任。已过而立之年的田飞，被一帆风顺冲昏了头，在关键时刻办了一件傻事。有一次，研究所经认真研究、认证，出台了一套改革方案，由于在设计工艺流程时出了差错，致使整套方案全部"泡汤"，浪费了大量的人力、财力。

领导追究责任，田飞说："这套工艺流程是在所长主持下完成的，其他人只是具体办事。"田飞说这番话时，他手下有个职员一字不漏地记了下来。

翌日，所长把田飞叫到他的办公室，冷冷地说："田主任，你真会讲话啊，有了过错往领导身上推……"一席话说得田飞目瞪口呆。

没过多久，田飞被莫名其妙地免去了办公室主任的头衔，调到公司关系协调办去了。

金无足赤，人无完人，领导也是如此。工作千头万绪，用人管人千难万难，疏忽和漏洞在所难免。这时候，作为下属就应该主动出击，帮助领导更改差错，往自己身上揽些责任！无论哪个领导都喜欢给自己补台的人，如果你在关键时刻给领导来个"落井下石"，那么你就要小心你的前程问题了。

一般地讲，领导有几愿几不愿，主要表现在以下几方面。

第一，领导愿意做大事，不愿做小事。从理论上讲，领导的主要职责是"管"而不是"干"，是过问"大"事而不拘泥于小事。实际工作中，大多数小事由下属承担。

从心理学的角度分析，领导因为手中有较大的权力、较高的职位，面子感和权威感较强，做小事在他看来显然降低了自己的"身份"，有损上级领导的形象，比如接电话、组织市场调查等都是领导不愿意干或不愿介入太多的。这些事情只能由下级分担了。

第二，领导愿做"好人"而不愿做"坏人"。工作中矛盾和冲突都是不可避免的，领导一般都喜欢由自己充当"好人"，而不想充当得罪别人或有失面子的"坏人"。

香港有位企业巨头，是出了名的"好好先生"，那是因为任何人跟他谈任何事情，从来都不会得到否定答案。当然他并非有求必应的"黄大仙"。碰上他真想合作的对象或他肯出手相帮的人，就会亲自出面，卖个人情。不然的话，一律由他的下属以各种不同的理由回绝对方，他是不会露面的。

愿当好人不愿演配角的心理是一种很普遍的领导心理。此时，领导最需要下级挺身而出，充当马前卒，替自己演好这场"双簧"。当然，这是一种较艰难而且出力不讨好的任务，一般情况下领导也难以启齿向下级明说，只有靠一些心腹揣测上级的意思然后再去硬着头皮做。做了领导心里有数但不会公开表扬你；如果下级因为粗心或不看领导的暗示而把他弄得很尴尬，领导肯定会在事后发火。

第三，领导愿意领赏，不愿受过。闻过则喜的领导固然好，但那样高素质的人却寥寥无几。大多数领导是闻"功"则喜，闻"奖"则喜，鲜有闻过而喜者。在评功论赏时，领导总是喜欢冲在前面；而犯了错误或有了过失之后，许多领导都争着往后退。此时领导亟待下级出来保驾，敢于代领导受过。

代领导受过除了那些原则性或特别严重的错误外，实际上无可非议。从组织工作整体讲，下级把过失揽到自己身上，有利于维护领导的权威和尊严，把大事化小、小事化了，不影响工作的正常开展。从受过的角度讲，代领导受过实际上培养了一个人的"义气"，并使自己在被"冤枉"的过程中提高预防错误的能力。结果，因为你替领导分忧解难，赢得了他的信任和感激，以后领导一定会回报你，给你"吃小灶"。

第十章　取智舍愚

不要踏进不该涉及的处世"雷区"

处世之道中之所以玄机多多，是因为一个人工作中、生活中要与各种各样的人打交道，社会的复杂性决定了你不能用简单直白的处世方式对待所有的人。对于一些复杂的情况就要认真研究，对于一些一触即爆的"雷区"，就要绕道而行。

01 审视自己的同船之人

我们都知道，现实中的绝大部分事业，都是不可能靠单打独斗完成的。在很多时候，面对着隔岸的目标，要想成功越过中间横亘着的惊涛骇浪，我们必须要有同舟共济之人。

"同舟共济"本来的意思，只是大家同乘一条船过河。而现在的意义则是指在困难面前，彼此能够互相救援，同心协力。在通常情况下，同舟共济之人是应当齐心协力，乘风破浪的。但天下没有不散的筵席，建立在一定利益基础之上的"同舟"，总有各奔东西的一天。那么，在"同舟"的时候到底应该如何做呢？事实上，在一些时候，同舟之人未必总能共济，因此，我们有必要多长点心眼儿，予以防备。因为一旦同舟之人对你动手脚，那肯定会是又阴又毒的，甚至能一下置你于死地。

王安石在变法的过程中，视吕惠卿为自己最得力的助手和最知心的朋友，一再向神宗皇帝推荐，并予以重用。朝中之事，无论巨细，王安石全都与吕惠卿商量之后才实施，所有变法的具体内容，都是根据王安石的想法，由吕惠卿事先写成文及实施细则，交付朝廷颁发推行。

当时，变法所遇到的阻力极大，尽管有神宗的支持，但能否成功仍是未知数。在这种情况下，王安石认为，变法的成败关系到两人的身家性命，并一厢情愿地把吕惠卿当成了自己推行变法的主要助手，是可以同甘苦共患难的"同志"。然而，吕惠卿在千方百计讨好王安石，并且积极地投身于变法的同时，却也有自己的小算盘，原来他不过是想通过变法来为自己捞取个人的好处罢了。对于这一点，当时一些有眼光、有远见的大臣早已洞若观火。司马光曾当面对宋神宗说："吕惠卿可算不了什么人才，将来使王安石遭到天下人反对的事，一定都是吕惠卿干的！"又说："王安石的确是一名贤相，但他不应该信任吕惠卿。吕惠卿是一个地道的奸邪之辈，他给王安石出谋划策，王安石出面去执行，这样一来，天下之人将王安石和他都看成奸邪了。"后来，司马光被吕惠卿排挤出朝廷，临离京前，一连数次给王安石写信，提醒说："吕惠卿之类的谄谀小人，现在都依附于你，想借变法之名，作为自己向上爬的资本。在你当政之时，他们对你自然百依百顺。一旦你失势，他们必然又会以出卖你而作为新的进身之阶。"

王安石对这些话半点也听不进去，他已完全把吕惠卿当成了同舟共济、志同道合的变法同伴。甚至在吕惠卿暗中捣鬼逼迫王安石辞去宰相职务时，王安石仍然觉得吕惠卿对自己如同儿子对父亲一般地忠顺，真正能够坚持变法不动摇的，莫过于吕惠卿，竟大力推荐吕惠卿担任副宰相职务。

王安石一失势，吕惠卿被厚脸掩盖下的"黑心"马上浮上台面。他不仅立刻背叛了王安石，而且为了取王安石的宰相之位而代之，担心王安石还会重新还朝执政，便立即对王安石进行打击陷害。先是将王安石的两个弟弟贬至偏远的外郡，然后便将攻击的矛头直接指向了王安石。

吕惠卿的心肠可谓狠得出奇。当年王安石视他为左膀右臂时，对他无话不谈。一次在讨论一件政事时，因还没有最后拿定主意，王安石便写信嘱咐吕惠卿："这件事先不要让皇上知道。"就在当年"同舟"之时，吕惠卿便有预谋地将这封信留了下来。此时，便以此为把柄，将信交给了皇帝，告王安石一个欺君之罪，他要借皇上的刀，为自己除掉心腹大患。在封建时代，欺君可是一个天大的罪名，轻则贬官削职，重则坐牢杀头。吕惠卿就是希望彻底断送王安石。虽然说最后因宋神宗对王安石还顾念旧情，而没有追究他的"欺君"之罪，但毕竟已被吕惠卿背后的刀子刺得伤痕累累。

人际交往中，永远都不乏这样的人，当你得势时，他恭维你、追随你，仿佛愿意为你赴汤蹈火；但同时也在暗中窥伺你、算计你，搜寻和积累着你的失言、失行，作为有朝一日打击你、陷害你的秘密武器。公开的、明显的对手，你可以防备他，像这种以心腹、密友的面目出现的对手，实在令人防不胜防。所以，同舟者未必共济，与人共事时务必要多留防范之心。

02 是非之中要多算计

如果在人生的战场上，一不留神不幸陷入了一个尔虞我诈的"迷魂阵"，那么，此时免除被人暗算的最直接的方法，就是你比他多算一步。这是人际智慧较量。就好比下棋，对方能算到第三步将你的军，你能在第四步暗伏一个笨象留作后手，即使不能反败为胜，起码也能先保自己大难不死。

春秋时，楚平王无道，宠信奸臣费无忌，荒废国政，父纳子媳，朝纲不振，法纪荡然。时太子建居于城父（地名），统兵御外，平王又信谗言疑太子谋反，乃召太傅伍奢询问。伍奢说："大王纳太子妃充实后宫，已经有悖人道；又疑太子谋叛，太子是大王骨肉之亲，难道大王竟信谗贼之言，而疏父子之信乎？"平王既惭且怒，就把伍奢囚禁监牢。

费无忌乘机进谗："启奏大王，伍奢有两个儿子，一名伍尚，一名伍员，皆人中之杰。他们听到父亲被囚，安有坐视之理？必投奔吴国，为大王心腹之患。不如使伍奢函召二子来都，子爱其父，必能应召而来。那时斩尽杀绝，岂不免除后患？"平王大喜，即命伍奢作书如子。伍奢说："臣长子伍尚，慈温仁厚。臣召之，或可来。次子伍员，为人警惕机智。见臣被囚狱中，安敢前来送死？"平王说："你但写无妨！"

伍奢只得奉旨作书。平王遣使者至城父，以书示伍尚，备致贺意说："大王误信人言囚尊翁，得群臣保奏，谓君家三世忠良，宜即开释，大王即刻省悟，即拜尊翁为相国，封君为鸿都侯，封令弟为盖侯。请即上道面君，以慰尊翁之望。"伍尚一点也不怀疑，看完信就转交伍员。

伍员，字子胥，有经文纬武之才，扛鼎拔山之勇。反复拜读父亲的来信后，他觉得其中颇多疑问，说："平王因我和哥哥在外，不敢加害我父。用父亲的信来诱我二人前往，好一同杀掉，断绝我们报仇的念头。兄看信以为真，则大谬矣。"伍尚以父子之爱，恩从中出，即使同遭大戮，亦无遗憾。伍员则以与父俱诛，无益于事，坚不前往。兄弟二人，遂各行其是，伍尚以殉父为孝，伍员以报仇为孝，于是分道扬镳。伍尚至都城，果与老父伍奢并戮于市；伍员则逃至吴国，佐公子姬光，取得吴国王位，是为吴王阖闾。及楚平王死，其子轸即位，为楚昭王。

伍员在吴，听到楚平王已死，日夜于吴王前请命伐楚。吴王准许之，遂陷楚都郢城，楚昭王出奔。伍员遂掘平王墓，出其尸，鞭之三百。

伍子胥能见机识诈是他的高明处，有了多算的这一步，才有了他后来的奇功。伍子胥算高一招后采取的是逃跑的办法，但如果你逃无可逃又当如何？

有一种说法，就是"真正聪明者，往往聪明得让人不以为其聪明"。这话不无道理。古往今来，聪明反被聪明误者可谓多矣！倒是有些看似"笨"的人，却成为事实上最聪明的人。

洪武年间，朱元璋手下的郭德成，就是用一种最笨的做法达到了自己的目的。

当时的郭德成，任骁骑指挥。一天，他应召到宫中，临出来时，明太祖拿出两锭黄金塞到他的袖中，并对他说："回去以后不要告诉别人。"面对皇上的恩宠，郭德成恭敬地连连谢恩，并将黄金装在靴筒里。

但是，当郭德成走到宫门时，却又是另一副神态，只见他东倒西歪，俨然是一副醉态，快出门时，他又一屁股坐在门槛上，脱下了靴子——靴子里的黄金自然也就露了出来。

守门人一见郭德成的靴子里藏有黄金，立即向朱元璋报告。朱元璋见守门人如此大惊小怪，不以为然地摆摆手："那是我赏赐给他的。"

有人因此责备郭德成道："皇上对你偏爱，赏你黄金，并让你不要跟别人讲，可你倒好，反而故意露出来闹得满城风雨。"对此，郭德成自有高见："要想人不知，除非己莫为，你们想想，宫廷之内如此严密，藏着金子出去，岂有别人不知之道理？别人既知，岂不说是我从宫中偷的？到那时，我怕浑身长满了嘴也说不清了。再说我妹妹在宫中服侍皇上，我出入无阻，怎么知道皇上不是以此来试一试我呢？"

如此看来，郭德成临出宫门时故意露出黄金，确实是聪明之举。从朱元璋的为人看，这类试探的事也不是不可能发生。郭德成的这种做法，与一般意义上的大智若愚又有所不同，他不只是装傻，而且预料到可能出现的麻烦，防患于未然。

所以俗语说：吃不穷，用不穷，算计不到一世穷！在是非之境多算计，小则不会轻易被是非缠身，大则能让自己顺利避开明枪暗箭，从而保全己身。

03 把打击返还给对方

在金庸的武侠小说中，有一种神秘的邪门功夫，叫做"吸星大法"。施展此功的人，能够将攻击他的对手，给牢牢地吸住，将他身上的武功内力，尽数吸到自己体内，并且对方愈是高手，攻击他的力度越大，受到此功的"报复"也就越深。

我们当然不可能练会"吸星大法"，但对于对手的打击，除了防备和躲闪之外，我们也应有变被动为主动的想法和技巧。否则，老是处于被动的地位，也未免显得太窝囊了。这个"主动"，就是指要将对手所施加给我们的打击力量，再巧妙地给他返还过去。这样，不仅能够保证自身的安全无虞，也可以让对手尝尝被伤害的苦涩滋味。

一个吝啬的老板叫伙计去买酒，却没有给钱，他说："用钱买酒，这是谁都能办到的；如果不花钱买酒，那才是有能耐的人。"

一会儿伙计提着空瓶回来了。老板十分恼火，责骂道："你让我喝什么？"

伙计不慌不忙地回答说："从有酒的瓶里喝到酒，这是谁都能办到的；如果能从空瓶里喝到酒，那才是真正有能耐的人。"

显然，老板只是想占对方的便宜，如果伙计不能有效地反驳他荒谬的论调，就有可能遭到老板的严厉训斥，或者是自己贴钱给老板买酒，无论如何吃亏的人都是他自己，没准儿还会助长老板的嚣张气焰。

在现实生活中，如果我们遇到了这样无理取闹，意欲蛮横地侵害我们利益的人，也一定要据理力争，巧妙反驳，切不可一味地任其摆布，

那么，具体应该如何去反击这种无理取闹的行为，让对方承认自己的错误呢？首先要控制自己的情绪。以"骤然临之而不惊，无故加之而不怒"的大丈夫的涵养与气量，在气势上镇住对方。然后要冷静考虑对策，从中选出最佳方案，以免做出莽撞之举。最后还要选准打击点，反击力要猛，一下子就使对方哑口无言。

有个叫比尔的人，常以愚弄他人而自得。一天早上，他坐在门口吃面包，看见杰克逊大爷骑着毛驴从远处哼呀哼呀地走了过来，于是他就喊道："喂，吃块面包吧！"

杰克逊大爷出于礼貌，从驴背上跳下来说："谢谢您的好意。我已经吃过早饭了。"

比尔却一本正经地说:"我没问你呀,我问的是毛驴。"说完,很得意地一笑。

对比尔这一无礼侮辱,杰克逊大爷十分气愤,却又无法责骂这个无赖。他抓住比尔"我和毛驴说话"的语言破绽,狠狠地进行了反击。

他猛然地转过身,"啪,啪"照准毛驴脸上就是两巴掌,骂道:"出门时我就问你城里有没有朋友,你斩钉截铁地说没有,没有朋友为什么人家会请你吃面包呢?"

"叭,叭"对准驴屁股又是两鞭,说:"看你以后还敢不敢乱说?"

骂完,翻身上驴,扬长而去。

杰克逊大爷借教训毛驴,来嘲弄无赖已和毛驴建立了"朋友"关系,使他有苦难说,幽默地反击了比尔的挑衅。

总之,对于故意寻衅的敌人,我们一定要学会恰当和巧妙的反击,而不能一味地忍让和宽厚下去,因为那样往往会让他的恶念恶行受到鼓励,进而对我们造成更严重的侵害。为人兼有软硬两手,才是处世自保并争取主动的真理。

04 兜底只会让自己受伤害

西方有句谚语说得很好:上帝之所以给人一个嘴巴、两只耳朵就是要人多听少说。

有句老话叫做"祸从口出"。为人处世一定要把好口风，什么话能说，什么话不能说，什么话可信，什么话不可信，都要在脑子里多绕几个弯子，心里有个小九九。害人之心不可有，防人之心不可无。一旦中了别人的圈套为其利用，后悔就来不及了！

每个人都有自己的秘密，都有一些压在心里不愿为人知的事情。同事之间，哪怕感情不错，也不要随便把你的事情，你的秘密告诉对方，这是一个不容忽视的问题。

你的秘密，一旦告诉的是一个别有用心的人，他虽然不可能进行传播，但在关键时刻，他会拿出你的秘密作为武器回击你，使你在竞争中失败。因为一般说来，个人的秘密大多是一些不甚体面、不甚光彩甚至是有很大污点的事情。这个把柄若让人抓住，你的竞争力和防护力就会被极大地削弱。

小窦是某唱片公司的业务员，他因工作认真、勤于思考、业绩良好被公司确定为中层后备干部候选人。只因他无意间透露了一个属于自己的秘密而被竞争对手击败，终于没被重用。

小窦和同事李为私交甚好，常在一起喝酒聊天。一个周末，他备了一些酒菜约了李为在宿舍里共饮。俩人酒越喝越多，话越说越多。酒已微醉的小窦向李为说了一件他对任何人也没有说过的事。

"我高中毕业后没考上大学，有一段时间没事干，心情特别不好。有一次和几个哥们儿喝了些酒，回家时看见路边停着一辆摩托车，一见四周无人，一个朋友撬开锁，由我把车给开走了。后来，那朋友盗窃时被逮住，送到了派出所，供出了我。结果我被判了刑，刑满后我四处找工作，处处没人要。没办法，经朋友介绍我才来到厦门。不管咋说，现在咱得珍惜，得给公司好好干。"

小窦在公司三年后，公司根据他的表现和业绩，把他和李为确定为业务部副经理候选人。总经理找他谈话时，他表示一定加倍努力，不辜负领导的厚望。

谁知道，没过两天，公司人事部突然宣布李为为业务部副经理，小窦调出业务部另行安排工作岗位。

事后，小窦才从人事部了解到是李为从中捣的鬼。原来，在候选人名单确定后，李为便找到总经理办公室，向总经理谈了小窦曾被判刑坐牢的事。

知道真相后，小窦又气又恨又无奈，只得接受调遣，去了别的不怎么重要的部门上班。

有一句话说："逢人只说七分话，不可全抛一片心。"意思是说，对一个你并未完全了解的人，无论是说话还是做事，都要有所保留，不可一厢情愿。

把心掏出来，这代表你对他人付出的是一片真诚和热情，但是，你把心掏出来，他也把心掏出来的人并不多，而且也有人掏的是"假心"！如果这种人又别有用心，刚好利用了你的弱点，好比薄情郎对痴情女一般，那么你的日子就不好过了。而会玩手段的人，更可以因此把你玩弄于股掌之中。

也有一种人，你把心掏出来给他，他反而不会尊重你，把你看轻了。现实中有些人就是有这种劣根性，你对他冷淡一些，他反而敬你又怕你！换句话说，对这种人来说，太容易得到的感情，他是不会去珍惜的，那么你的付出不是很不值得吗？

其实无论所面对的是哪种情况，一个人彻底兜老底儿的行为，只会让自己在情势复杂且变幻莫测的人情世势中陷入被动、尴尬，乃至成了对手刀俎上的鱼肉，这种做法不只是在进取出击策略上的失败，更是犯了自我防守兵法中的最低级错误。

05　非争第一不可不是正确的处世之道

你也许觉得奇怪，我们不主张让人非去夺第一不可，这不是叫人失去进取之心吗？在竞争如此激烈的现代社会，应该人人去争"第一"才是呀！不错！是得非去争不可！但问题是"第一"只有一个，而且争"第一"时还得看争的代价，争得不好，恐怕什么都保不住，也别说做第二了！

有一位工商界的老板，他从事电脑业。这位老板给自己的企业定位就另有一论——采取"第二战略"。因为他认为，当"第一"不容易，不论是产品的研究开发、行销，还是人员、设备等，都要比别人强，为了怕被别的公司赶超，又得不断地扩充、投资。换句话说，做了"第一"以后要花很多的内力来维持"第一"的地位！因为提到某一行业，人人都会拿"第一"去作对手，并拼命赶超。这样未免太辛苦了，而且一不小心，不但第一当不成，甚至连当第二都不可能了。

这位老板的想法也许并不完全科学合理，并不一定当"第一"就一定会很辛苦，当第二或第三就轻轻松松了。这只是他个人的一种观念而已。但结合现实细想一下，其中也不乏实在的道理，我们不妨借鉴。

从另一个角度来讲，比如自身实力不足或时机不成熟，虽然出手是必须的，但此时也大可不必非去打头阵。真正深谙进击之道的人，他会耐心地攥着拳头等待最佳的出手机会。

当年在美国宾夕法尼亚州发现石油以后，成千上万人像当初采金热潮一样拥向采油区。一时间，宾夕法尼亚土地上井架林立，原油产量飞速上升。

克利夫兰的商人们对这一新行当也怦然心动，他们推选年轻有为的经纪商洛克菲勒去宾州原油产地亲自调查一下，以便获得直接而可靠的信息。

经过几日的长途跋涉，洛克菲勒来到产油地，眼前的一切令他触目惊心：到处是高耸的井架、凌乱简陋的小木屋、怪模怪样的挖井设备和储油罐，一片乌烟瘴气，混乱不堪。这种状况令洛克菲勒多少有些沮丧，透过表面的"繁荣"景象，他看到了盲目开采背后潜在的危机。

冷静的洛克菲勒没有急于回去向克利夫兰的商界汇报调查结果，而是在产油地的美利坚饭店住了下来，进一步做实地考察。他每天都看报纸上的市场行情，静静地倾听焦躁而又喋喋不休的石油商人的叙述，认真地作详细的笔记。而他自己则惜字如金，绝不透露什么想法。

经过一段时间考察，他回到了克利夫兰。他建议商人不要在原油生产上投资，因为那里的油井已有72座，日产1135桶，而石油需求有限，油市的行情必定下跌，这是盲目开采的必然结果。

果然，不出洛克菲勒所料，"打先锋的赚不到钱。"由于疯狂地钻油，导致油价一跌再跌，每桶原油从当初的 20 美元暴跌到只有 10 美分。那些钻油先锋一个个败下阵来。

3 年后，原油一再暴跌之时，洛克菲勒却认为投资石油的时候到了，这大大出乎一般人的意料。他与克拉克共同投资 4000 美元，与一个在炼油厂工作的英国人安德鲁斯合伙开设了一家炼油厂。安德鲁斯采用一种新技术提炼煤油，使安德鲁斯—克拉克公司迅速发展。

这时，洛克菲勒尽管才 20 出头，做生意已颇为老练。他欣赏那些得冠军的马拉松选手的策略，即让别人打头阵，瞅准时机给他一个出其不意，后来居上才最明智。他在耐心等待，冷静观察一段时间后，这才决定放手大干。而要论最辉煌的成功者，当然要数洛克菲勒。这是人所共知的事实。

在现实生活中并非要去争个第一不可，耐心做一个会等待的高手，的确也有好处，例如：可以静观"第一"者如何构筑、巩固、维持其地位，他的成功与失败，都可作为你的经验和警戒，可趁此机会培养自己的实力，以迎接当"第一"的机会。如果你想当"第一"的话，一旦你觉得自己具备了这方面的实力，就可以趁机攀升。由于你志不在"第一"，所以做事就不会过于急切，造成得失心太重，也不会勉强自己去做力所不及的事情，这样反而能保全自己，降低失败的概率。

因此，不管是在平常做人处世，还是经营自己的事业，从第二、第三甚至最低处做起都没关系，并不一定非得想着去做第一！如能稳稳当当地做个第二，一旦主客观条件形成，自然也就成为第一了，这时候的第一，才是真正的第一！

第十一章　取防舍露

保护好自己是处世之道的基本要求

未雨绸缪，是处世高手应烂熟于心的道理。人生战场复杂多变，别人的出招难免会在自己的意料之外出奇出新，令人防不胜防。那么，练好"金钟罩"，打好基本的防御功，以不变应万变，也就成了处世兵法中至为重要的环节。这就等于为自己打造了一道最为坚厚安全的"盾牌"。

01 与人相处要防患于未然

俗话说"天有不测风云，人有旦夕祸福"，即使在我们的出击和防守两方面都处于比较不错的状态中，其实也应作一些防患准备。我们如果有心，可以在报纸上常读到这样的消息：在几起伤亡惨重的火灾报道中，不少地方，尤其是城市就会大张旗鼓地向市民宣传防火知识，举行消防训练；流氓事件频发之后，报章也会纷纷呼吁年轻女士外出要结伴，不要走灯暗人稀的小路……

这些举措当然属于"亡羊补牢"，未能尽善。倘若我们在做任何事时，都能做好防患于未然的准备，在战争开始之前就先把战壕挖好，可能就会有一个更好的结果。

汉武帝的李氏本来是一位歌妓，她有个哥哥名叫李延年，深通音律，擅长歌舞，武帝很喜欢他。

有一次，李延年在武帝面前一面舞蹈，一面唱着一首歌："北方有佳人，绝世而独立，一顾倾人城，再顾倾人国，宁知倾城与倾国？佳人难再得。"武帝听了这首歌，突然感慨起来说："妙啊！世上难道有这样的佳人吗？"武帝的姐姐平阳公主乘机举荐："李延年有个妹妹，就是这样的一位佳人。"武帝于是立刻召见她，果然是美丽非凡，而且擅长舞蹈，从此深得武帝的宠爱，且生了一个男孩，就是后来的昌邑哀王。

遗憾的是李氏短寿，很年轻就死了。在她病危的时候，武帝亲自去看她，她把脸蒙在被中说："我病久了，容貌很难看，不能再见皇上了。但求皇上待我死后，能多多照顾儿子和我的哥哥。"

武帝说："你病重了，深恐难以痊愈，现在当面见我把儿子和哥哥的事托给我，不是更好吗？"

李夫人说："女人们没有妆饰好，不能见君主。"武帝这时还坚持要见她一面，她就索性翻过身去，呜呜咽咽地哭泣，不再开口。武帝不高兴地走了。

她的姊妹责备她为什么不与武帝见面，她说："皇上如此恋我，无非因为我昔日的美貌。如果让他看见我的病容，他一定会厌恶我，甚至会把我抛弃，哪里会再想念我，照顾我的哥哥呢？"

一个久病不起的人，其容颜必然憔悴。汉武帝喜欢的是具有羞花闭月的李氏，而不是一具形同僵尸的病妇。具有远见的李氏深知这一点，假若皇上目睹了她的病态，就会产生厌恶感，厌屋及乌，更不会关照她的亲属。这正是她防患于未然的远见。

当然，李氏的行为，带有很大的被动性质。不过依当时客观环境而言，她已经做得很好了。但在现实中，要真正做到彻底防患于未然，还应当积极主动地把那些对自己不利的因素，在其开始有点苗头时，就要消灭掉，以绝后患。

春秋时期，楚国的门子文是若敖氏的后裔。传说他出生后，便被丢弃于荒野，由老虎衔回哺养。后来，发现他的人认为"这小孩必是有福气的"，于是将他抱回抚养。

门子文后来成为楚国令尹，为人清廉公正，执法严明。有一次，他的族人犯法，审判的官吏因念及门子文的关系，而释放了他的族人。门子文知悉，严正地对审判官说："国家制定法律，设置执法机关，执法者应秉公处理，不能纵容、姑息罪犯，即使是我的族人也不能例外，否则如何昭信天下百姓呢？"随即逮捕那位犯法的族人，命令审判官公正判决，否则就令族人自尽，以免遭人指责。承办的官吏只好依法行事，严厉处罚其族人。

楚成王知道这件事后，为表敬意，即刻前往拜访。楚国百姓更是有口皆碑地说："如果所有的官吏都能如门子文般公正，那就不必担忧楚国朝政治理不好了。"

有一天，门子文去看弟弟子良，看见他的儿子越椒后，急忙说："快将那孩子给杀了，否则，长大后会为我若敖氏惹来祸害。"

可是，子良哪忍心杀掉儿子越椒呢！子文对此事忧心忡忡，直到临终前，还交代家人说："将来越椒若掌握权柄，你们一定要逃走。"因为，他担心有一天越椒会毁灭若敖全族。

门子文死后，儿子般任令尹之位，而越椒也继承父亲职位，掌握国防军权。公元前626年，成王之子商臣弑杀其父而登基为帝，是为穆王。令尹般知道这一切的内情，可是并没有说出。越椒趁机想侵夺令尹职位，屡次在穆王面前恶言中伤般。穆王不明事理，误信越椒的谗言，将般杀掉，任越椒为令尹，贾则代越椒掌国防要权。

越椒任职令尹二十余年，这段时间中，穆王去世，庄王继承帝位。他内心极端轻视庄王，又对庄王重用贾想削减自己的权势深感不满，便蓄意谋反。终于，有一天越椒趁着庄王率兵外征的机会，带领若敖氏一族人马，偷袭贾，将他逮捕囚禁，又杀害于狱中。接着越椒计谋攻击庄王，庄王心中明白，但念及门氏累世功绩，打算让越椒自动请罪，便不予追究，并命将其儿子送来作为人质，却遭越椒强硬拒绝。

当年 7 月，越椒和庄王两军交战于皋浒。越椒亲自持弓射庄王，然而只听得一声啸响，箭穿过庄王坐车的车辕，牢牢射在大鼓的鼓座上。此时的庄王正亲自击鼓，激昂士气，突然响箭射中鼓座，左右卫士迅速以大笠护卫庄王。转眼间又飞射来第二支箭，射穿了左边的大笠。庄王的士兵见状，军心大乱，纷纷想弃甲而逃。庄王镇定地勉励官兵说："越椒偷了大庙的两支神箭，如今两支都射完了，我们不必再畏惧他了！"庄王的鼓励振奋了兵士们的信心和斗志，重振军威。庄王见军心已安，下令击鼓，咚咚鼓声震天响。庄王的军队斗志激昂，勇猛杀敌，越椒军队不敌，渐渐败下阵来，终于全军溃败。

后来，庄王便诛灭了若敖氏一族。越椒果然如门子文所言，为若敖氏全族带来了覆灭的惨局。

当年门子文限于形势，未能将越椒杀掉，以致终于酿成了这个无可挽回的悲剧。从这个教训来反观我们自身，显然应当在自己的人生兵法中，坚定地确立在战争开始之前，一定要有先把战壕挖深筑牢的思想，这样，不仅能确保自己的现在和未来都安全无虞，也能使自己在免除了后顾之忧后，更能放开手脚去出击搏杀，为夺取胜利提供更可靠的保障。

02 改变自己的"软柿子"形象

"人善被人欺，马善被人骑"，"吃柿子拣软的捏"，这些充满形象比喻的语言用一句大白话来说，就是"老实人吃亏"。

一些人发火撒气乃至欺负侵害别人时，往往会找那些老实善良者，因为他们心里清楚，这样做并不会招致什么值得忧虑的后果。在我们身边的环境里到处都有这样的受气者，他们看起来软弱可欺，也确实为人所欺。一个人表面上的老实软弱、不加设防，事实上助长和纵容了别人侵犯你的欲望。

所以我们要明白给自己"设防"的重要性，给自己挖一道牢靠的"战壕"，做出一副随时可迎敌杀敌的防备架势，相信没有人再会对你轻举妄动。人是应该给自己设立防线的，虽然不必像刺猬那样全副武装，浑身带刺，至少也要让那些凶猛的野兽感到无从下口。

如果你是一个从不发火的君子，那请务必勇敢地进行一次真正的反抗，改变自己一副"软柿子人皆可捏"的形象。许多人之所以选择了忍气吞声的生存方式，往往是由于他们患得患失，怕这怕那，自己在主观上吓倒了。而无数的事实证明，挺身而出，捍卫自己的正当权益其实是再自然不过的事了。跨过这道门槛，你会发现，没有什么大不了的，卸掉了精神包袱，你反而会活得更加自在。

不敢进行第一次反抗，就不会有第二次反抗的发生，因为你永远不知道让恶人望而却步的滋味有多么好。而有了第一次的反抗，尝到了其中的美妙，你自然就有动力去进行更多次的反抗。久而久之，你就会修正你的心理模式和社会交往方式，由一个甘心受气、只能受气的人，变成一个不愿受气的人。

有这样一个故事：

某大学一个班级里，有一位学生比较胆小怕事，遇事过分忍让。因此，虽然班里的绝大多数同学对他并无恶意，但在不知不觉中总是把他当作是一个理所当然地应该牺牲个人利益的人，看电影时他的票被别人拿走，春游时他被分配给看管包儿的任务……但在实际上，他心里非常渴望与别人一样，得到属于自己的那份利益与欢乐。由于他的老实软弱和极度的忍耐，这种事情一直持续了很久。但终于有一天，他忍无可忍了，一向木讷的他来了个总爆发，原来一场十分精彩的演出又没有他的票。他脸色铁青，雷霆万钧，激动的声音使所有人都惊呆了。虽然那场演出的票很少，但是这位同学还是在众目睽睽之下拿走了两张票，摔门而去。大家在惊讶之余似乎也领悟到了什么。但不管怎么说，在后来的日子里，大家对他的态度似乎好多了，再没有人敢未经他的同意便轻易地拿走他的什么东西了。

动物世界里的法则是弱肉强食，其实对于人类来说，何尝不是如此，只不过它在人类社会里不那么赤裸裸罢了。许多老实人认为："人欺天不欺"，自我安慰老天爷终究是不会亏待自己的；还有一些人认为，吃亏就是占便宜，虽然吃小亏，但有可能占到大便宜。这种阿Q式的精神胜利法，会使外人看来你逆来顺受，天生老实可欺。任何事都怕成定势，一旦造成这种结果，你就会像立在田地里的稻草人一样，连小鸟都敢在你头上拉屎。在这种情况下倘若你还不赶紧为自己构筑一个可以依托的战壕和阵地，那你将永远处于被驱逐和打击的地位。如果你对这种策略不以为然或没有信心，仍然甘心做人见人捏的软柿子，到头来难免会被捏得越来越软，最后被人吃掉。

03 防"内患"是一门"长修课"

对于来自对手的攻击，尤其是那种气枪喷箭式的陷害打击，仍须以深挖己方战壕，必须时奋力还击为第一要务。这作为一门"长修课"，是无论何时都不能掉以轻心的。

还有一种更为危险、也更加不易被发现的祸患，需要我们额外付出更大的精力。这种祸患可能不在"战壕"之外，而在内部，或许来自背后。说到这里大家也许都明白了，这种"内祸"的来源即小人式的"朋友"。

把纯洁的友情看成是金钱附庸的人，生活中可说是不乏其人。他们对权势钱财看得特别重，谁有权有势就巴结逢迎，以求利用，谁有钱有势，便趋之若鹜。这种人不问是非曲直，吃吃喝喝就能混在一起，打着"朋友"的旗号，追求实利，而在关键的时候，却是不讲一点道义规矩。

这种势利朋友容易得到合作者，也容易失去合作者，容易结交也容易散伙。这种友谊是建立在权势钱财和杯盘烟酒之上的，带有极大的欺骗性和危害性，这种"友谊"是难以长久的。

即使在感情上不愿承认和接受，在日常生活中，我们也还会常常遇到这样的情况。比如，当你取得成绩，有了荣誉之后有的人殷勤地表示友好；而遇到挫折和困难时则躲得远远的。这种讲实惠的实用主义态度是可鄙的。有的人对那些于自己有用的"朋友"，就千方百计地加以笼络，对暂时用不上而将来有所求的"朋友"，则滑头滑脑，若即若离地维持；对曾经有用，今后不再有用的"朋友"，则置之脑后似乎不曾相识；对那些过去有恩于自己，后来陷于困境需要他帮助的，则忘恩负义，有的甚至趁火打劫，落井下石。

这些市侩的交友之道与做人的起码道德格格不入。古希腊的政治家伯利克里说过："我们结交朋友的方法是给他人以好处，而不是从别人那里得到好处。"这句话道出选择朋友的道德标准。

势利之人之所以与你交往，看重的是你的权力、财富、美色，而一旦你失势、破财、人老珠黄，他就会弃你而去。与这种人实无友爱可谈。居里夫人说过这样一句名言："一个人不应该与被财富毁了的人来往。"并警告我们不要交酒肉朋友、势利朋友，不要与势利之徒搞在一起，结成所谓的合作者。

我们说要对"战壕"内部的人也要存有防人之心，防的不是正人君子，而是那些喜欢耍阴谋诡计，专门背后搞小动作的人。

其实，靠打小报告来讨取更有权势者欢心的人，在出卖别人的同时，自己也可能被出卖。

这类卑鄙小人，在很大程度上是成不了大气候的。我们所主张的对他们防备，其实更主要的也是为了免除由他们而带来的麻烦，以使自己能更集中精神和力量，来对实质性的敌人进行防御和进击。但由于他们也的确会带来令人头疼不已的麻烦，甚至在有时候也会变质成为真正意义上的敌人，因此，我们为之而花费心思和力气，也是很有必要的。

04 调控好心中的防御堑壕

很多人在复杂纷扰的人生战场上都常有疲惫不堪之感，觉得内外交困，令人难以支撑。这一点想必大家都有同感。对于外部的防御兵法，前面我们已有所论述。但如何设立"心盾"，调控好心中的防御堑壕，就不仅是一个技术层面的问题，而是牵涉到更多的"软件"因素。不过，一旦掌握好其中的诀窍，就能让自己在任何对自己都极为不利的环境中安然无恙。

弗兰克是一位犹太裔心理学家，第二次世界大战期间，他被关押在纳粹集中营里受尽了折磨。父母、妻子和兄弟都死于纳粹之手，唯一的亲人是他的一个妹妹。当时，他本人常常遭受严刑拷打，死亡之门随时都有可能向他打开。

有一天，他在赤身独处囚室时，忽然悟出了一个道理：就客观环境而言，我受制于人，没有任何自由；可是，我的自我意识是独立的，我可以自由地决定外界刺激对自己的影响程度。

弗兰克发现，在外界刺激和自己的反应之间，他完全有选择如何作出反应的自由与能力。

于是，他靠着各种各样的记忆、想象与期盼，不断地充实自己的生活和心灵。他学会了心理调控，不断磨炼自己的意志。他那自由的心灵早已超越了纳粹的禁锢。

这种精神状态感召了其他的囚犯。他协助狱友在苦难中找到了生命的意义，找回了自己的尊严。

弗兰克后来这样写道：

每个人都有自己的特殊的工作和使命，他人是无法取代的。生命只有一次，不可重复。所以，实现人生目标的机会也只有一次……归根到底，其实不是你询问生命的意义何在，而是生命正在向你提出质疑，它要求你回答：你存在的意义何在？你只有对自己的生命负责，才能理直气壮地回答这一问题。

在弗兰克生命中最痛苦、最危难的时刻，在弗兰克精神行将崩溃的临界点，他靠自己的顿悟，靠成功的心理调控，在自己内心深处构筑了一条防御能力极强的"战壕"，将那种最恶劣、最残酷的打击拒于身外、心外，不仅挽救了他自己，而且挽救了许多患难与共的生命。

其实，在我们的精神活动领域，在我们的日常生活里，在我们的事业中，在我们渴望成功，甚至正在走向成功的道路上，都会出现大大小小、不同程度的挫折和失败。我们应该像弗兰克那样，通过心理调控去战胜自我，战胜环境，使自己安然地度过危机。

有这么一个故事：

白云守端禅师有一次和他的师父杨岐方会禅师对坐，杨岐问："听说你从前的师父茶陵郁和尚大悟时说了一首偈，你还记得吗？"

"记得，记得。"白云答道，"那首偈是：'我有明珠一颗，久被尘埃关锁，一朝尘尽光生，照破山河星朵。'"语气中免不了有几分得意。

杨岐一听，大笑数声，一言不发地走了。

白云怔在那里，不知道师父为什么笑，心里很愁闷，整天都在思索师父的笑，怎么也找不出他大笑的原因。

那天晚上，他辗转反侧，怎么也睡不着，第二天实在忍不住了，大清早儿去问师父为什么笑。

杨岐禅师笑得更开心，对着失眠而眼眶发黑的弟子说："原来你还比不上一个小丑，小丑不怕人笑，你却怕人笑。"白云听了，豁然开朗。

身为一个凡人，我们有时比不上一个小丑。很多时候我们就是陷于别人给我们的精神压力之中。别人的语气、眼神、手势……都可能搅扰我们的心，消灭了我们往前迈进的勇气，甚至成天沉迷在白云式的愁闷中不得解脱，这比起弗兰克来，实在可怜得可以。其实遇到这种情况，我们也完全可以祭起"心中堑壕"的法宝。虽然在这种情况下，它明显地被大材小用了，但无论如何，它毕竟能够给我们带来最有"深度"的安全感。

05 学会把秘密藏在心里

喜欢背后传话的人不管出于告密的目的，还是仅仅为了满足自己传播秘密的快感，总是在紧盯着周围人的一言一行，如果你出言不慎，自然容易落下口实。相反，如果你在人前背后说话谨慎一点，把凡有可能被人当作秘密的东西掖在怀里、藏在心里，不露半点分毫，即使他的舌头再长，也"舔"不到你身上。

清朝雍正皇帝在位时，按察使王士俊被派到河东做官，正要离开京城时，大学士张廷玉把一个很强壮的佣人推荐给他。到任后，此人办事很老练，又谨慎，时间一长，王士俊很看重他，遂把他当作心腹使用。

王士俊期满了准备回到京城去。这个佣人忽然要求告辞离去。王士俊非常奇怪，问他为什么要这样做。那人回答："我是皇上的侍卫某某。皇上叫我跟着你，你几年来做官，没有什么大差错。我先行一步回京城去禀报皇上，替你先说几句好话。"王士俊听后吓坏了，好多天一想到这件事两腿就直发抖。幸亏自己没有亏待过这人，多吓人哪！要是对他不好，命就没了。

为人处世，要像王士俊一样懂得矜持；交朋友也要有城府，否则将会授人以柄，后患无穷的。对于这一点某先生的体会颇深刻，值得分享：

"矜持是很多人借以保持神秘魅力的法宝，但我却常常把捉不住，想想很亏的。心里本来有什么东西，你把它当做自己看家的内涵，放得很高看得很重，仿佛你就因为它而有资本，含蓄和深沉。可一旦说出，你就没了，而若给有城府的人掌握了你的内涵，他就在你面前更有资格矜持了。那是因为你把内心的一块领地出卖给了人家，人家有更大的内心势力可倚了。他的大城府既然占据了制高点，他就可以在自家阳台上任意俯视你的小城府了，而且一览无余。这样，你便既不自主自在，又无神秘可言，自然也就显得不珍重喽！而假若你要回访别人，人家可是庭院深深深几许的，你根本没门。所以要谨防由于你的拱手相让，'丧权辱国'而导致别人对你的心灵殖民哦！

"初到一个新的人际环境，更要注意矜持和城府问题。因为这时候你极易发现人都是好的，于是就会被一团和气所迷，全忘了逢人只说三分话的古训。相处日久，了解渐深，才会意识到你原来所识的只是人家的一个侧面，此时所见才是完完整整立体多面的人。于是，你会再考虑抽身回转，与他人保持一种距离以保护自己。但是，你把自己交出去后，就等于把水泼出去了，是收不回来的。这样，以后你还能平平衡衡地与人保持一种相等的距离吗？不可能。别人往你这儿来是长驱直入，你往别人那儿去，却是寸步难行。没办法哟！你只好带着满身的痱子，疙疙瘩瘩地生活在这些人中间，这也许就是张爱玲所说的咕咬性的小烦恼吧？"

总之，坦露之心如一封摊开在众人面前的信，会使你受人摆布。对人交心是危险的，因为你有了让人控制的把柄，会成为任人驱使的奴隶而不能自主。在现实生活中，不是所有的悄悄话都能长久悄悄下去的。有以下三种话即便"悄悄地"也不能说：

（1）捕风捉影的话不要说。捉贼要赃，拿奸要双，这就要求我们说话办事要有真凭实据，如果我们向对方说的悄悄话，如风如影，纯属无稽之谈，那是很危险的，尤其是对一个人的隐私更是不可在私下信口开河，胡编乱造。比如说，某男与某女（均有家室）在街道的树阴下拥抱亲吻，那情景真比演电影还卖力。若被听者传出，当事人可能会恨你骂你，伺机报复你，甚至当面计较，对抗，要你说出个所以然来，你怎么说呢？把悄悄话再说一遍，请拿出证据来！你当时又没有摄像，又没有录音，怎么能够证明某男与某女曾有这种热烈的表演呢？只有掌嘴一门！不赔礼道歉还行吗？人家本有如此这般的举动，而你并无证据，这

166

样的悄悄话，属捕风捉影一类，是万万说不得的。人心难测，不一定对，但不无道理，我们说悄悄话也不能只图一时痛快，而不计后果。

（2）违纪泄密的话不要说。小至单位大至一个国家在一定时期、一定范围内都有秘密，我们只能守口如瓶，不可泄露。有的人轻薄，无纪律性，就私下把机密"悄悄"地说出去了，弄得一传十，十传百，家喻户晓，有些心术不正的人如获至宝，甚至拿去作为谋利的敲门砖，给单位乃至国家造成严重的损失。即使诸如涉及人事变动的内部新闻，你也不要去向有关的人说悄悄话，万一中途有变，你将如何去安抚别人呢？如果为此而闹出了矛盾谁负责呢？向亲友泄密，不是害人便是害己。你一片热心向他说了悄悄话，他可能认为这是泄露机密，于是，他当面批评、指责你，甚至状告你，那么这时你的体面何在？有些人并不喜欢听那些悄悄话，他不领你的情，这就没有意思了。还是封锁感情，守口如瓶吧。

（3）披露悄悄话的话也不要说。须知这世上有些人很怪，情投意合时无话不说，无情不表；一旦关系疏淡，稍有薄待，便反目成仇，无情无义，甚至添油加醋，不惜借此陷害，从而达到他不可告人的目的。殊不知，这些抖出悄悄话的人，也要吃亏的。我们知道，悄悄话大多是在两人之间传播，试问，你一个人能够证明我有此一说吗？甚至对方出于愤怒会狠狠地还击，跟编小说一样编出你的悄悄话，以十倍于你的兵力将你置于有口难辩的境地，纵然会两败俱伤，也没有白白被你出卖。结果如何呢？你本是讨好卖乖，求名逐利，或发泄私愤，算计别人，不巧却被悄悄话所害。所以，假使你听了悄悄话，也没有必要往外抖，任何人在这个世上都有一片自由的天地，还是讲究信义，以善良为本的好，何必让人反咬一口呢?

　　最后应该特别强调的是:讲秘密会陷你于不利,而听秘密同样也不安全。许多人因为分享了别人的秘密而不得善终。许多人打碎镜子,是因为镜子让他们看到了自己的丑陋。他们不能忍受那些见过他们丑相的人。假如你知道了别人不光彩的底细,别人看你的目光绝不会友善,尤其是有权有势的人,定会找机会报复你打击你。听秘密也会落人把柄,尤其注意不要与比你强大的人分享秘密。秘密,听不得,讲不得。

第十二章　取出舍入

有一点超然的心态

便始终握有处世的主动权大诗人白居易曾放言："达
则兼济天下，穷则独善其身。"当远大的理想难以
实现时，不妨退而求其次，卸掉身上所载负的包袱，
以超然的态度面对一切，这样在处世过程中让自己
轻装上阵，一方面活得不必太沉重，一方面反倒可
能收获更多。

01 名利之心不能太盛

很多人总是把得失看得太重，把名利看得太重，期望自己位高权重，期望能拥有万贯家财，这样通常会备受名利折磨，轻者身心劳累，重者害人害己。实际上，如此一来处世的起点就偏离了正确的方向。

生活中，很多人拥有金钱，但却没有快乐，他们对金钱重涎欲滴，整日挖空心思、千方百计想要得到它的人，恐怕永远也不会快乐而且身心劳累。四大吝啬鬼之一的严监生，都快死了，已经讲不出话来了，还是大瞪着两眼，直竖着两根指头不肯咽气。像他这样的人，绞尽了脑汁，"辛苦"经营了一辈子，挣下了万贯的家财，本来是可以带着"成就感"心满意足地去的，可是他却死活不肯咽下最后一口气。旁边的族人皆不明白严监生直竖的两根指头到底是什么意思，最后还是他的小儿媳妇机灵，因为她发现严监生的两眼死死地瞪着桌旁的油灯。油灯里燃着两根灯草，严监生伸着两根指头不就是不满意燃着的两根灯草吗？按照严家的规矩，本着"节俭"的原则，应该熄掉一根灯草才是。于是小儿媳妇赶紧跑过去熄掉了一根灯草。这招真是灵验，一根灯草刚熄，严监生就咽气了。

世上类似于严监生这样临死了还被自己无尽的贪欲折磨着的人虽然

不多，但是为了名，为了利，整日处心积虑，乃至不择手段的人实在是太多了。得到了名利也许能给你短暂的满足和快乐，然而名利如浮云，你能够得到它，也会不留一丝痕迹地失去它。失去了名利之后，你所剩下的只有深深的遗憾。生命对每一个人来说就是一张单程旅行票，没有回头路可走，所以，尽量使自己的灵魂沉浸在轻松、自在的状态，这是最好不过的。

严监生还只是小贪，胡长清之流却是大贪。胡长清，身居副省长的要职，要名有名、要利有利之人，却还是感到极端的不满足。他嫌副省长之名太过严肃，也想附庸风雅，来个青史留名。他觉得作为一个领导，到哪儿都少不了给人家题词，这可是留下墨宝、青史留名的好机会，于是他在这方面下起工夫来。社会上不少善于钻营溜须拍马之人摸透了胡长清的心思，在付出了极大的代价讨得胡副省长的"墨宝"之后赞不绝口，弄得胡长清飘飘然起来，还真以为他胡长清除了当副省长之外还应该至少当个书法家协会副理事长才行。更为可笑的是，痴于虚名到了极点的胡长清，在锒铛入狱之后，得知自己罪大恶极，民愤极大，不久就要被枪毙，还跪在狱警面前，痛哭流涕地对狱警说他不想死，他愿意坐牢，在牢中他会给狱警们写书法，让狱警们拿着他的"墨宝"去卖个好价钱。瞧，贪得无厌的胡长清，死到临头了还在做梦。他不知道，自他犯事之日起，他以前所有留下的"墨宝"，早不知让别人扔到哪个垃圾堆里去了。可叹一个胡长清，好不容易当上了副省长，却怎么也摆脱不了自己无尽欲望的控制，要钱不怕多，要名嫌名小，最终落得个遗臭万年的可耻下场。这就是最典型的因名利之心过重导致的心态失衡，最终导致处世之道的紊乱而招祸。

　　人人都有名利之心，这是不可避免的，但是一个人要求富贵，必须得之有道，持之有度。就生活的价值而言，如果我们能够体味人生的酸甜苦辣，没有虚度时光，心灵从容充实，则不管我们是贫是富皆可以满意了。

　　富贵荣华生不带来，死不带走。如果我们看破了这一点，对于世间的荣华富贵不执着和贪恋，则我们的心胸自然就会平静如水。

　　现代人大多很浮躁，总是费尽心机地追逐金钱和地位，一旦愿望实现不了，便口出怨言，甚至生出不良之心，采用不义手段来为自己谋利，到头来还会因此害了自己，庄子曾说过："不为轩冕肆志，不为穷约趋俗，其乐彼与此同，故无忧而已矣。"这句话大意是说那些不追求官爵的人，不会因为高官厚禄而沾沾自喜，也不会因为穷困潦倒、前途无望而趋炎附势、随波逐流，在荣辱面前一样达观，所以他也就无所谓忧愁。庄子主张"至誉无誉"。在他看来，最大的荣誉就是没有荣誉。他把荣誉看得很淡，他认为，名誉、地位、声望都算不了什么。尽管庄子的"无欲"、"无誉"观有许多偏激之处，但是当我们为官爵所累、为金钱所累的时候，何不从庄子的训哲中发掘一点值得效法和借鉴的东西呢？

　　其实人活着就是为了享受快乐，但生活中很多人由于贪心过重，为外物所役使，终日奔波于名利场中，每天抑郁沉闷，不知人生之乐，所以我们不妨花点时间，平心静气地审视一下自己，是否在心中藏着许多欲求而不可得的小秘密，是否常常被这些或名或利的欲望搅得心烦意乱。心中有点小秘密是正常的，因为每个人总会有着这样或那样的欲求，只不过有的人懂得如何正确地面对这些或者正当或者不正当的欲求：正当的欲求，他会尽量去满足，实在凭自己的能力满足不了的，他也会平心静气地面对这样的事实；不正当的欲求，他会为此而感到内疚，感到惭愧，会在心底检讨自己，不会发展到为了这样的欲求而不择手段的地步。但也有人不会控制自己的名利之心，结果贻误了自己，毁了自己的一生。你所要做的就是做出明智的选择：做控制欲望的人不是被欲望操控的人。

02 遗忘让你更快乐

上天赐给我们很多宝贵的礼物，其中之一即是"遗忘"。只是我们过度强调"记忆"的好处，却反而忽略"遗忘"的功能与必要性。生活中，许多事需要你记忆，同样也有许多事却需要你遗忘。

比如，你失恋了，总不能一直溺陷在忧郁与消沉的情境里，必须尽快遗忘；股票失利，损失了不少金钱，心情苦闷提不起精神，你也只有尝试着遗忘；期待已久的职位升迁，人事令发布后竟然没有你，情绪之低可想而知。解决之道别无他法——只有勉强自己遗忘。

只有遗忘了那些不快，才会更好地前进。

然而想要遗忘，却不是想象中那么容易。遗忘是需要时间的。只不过，如果你连"想要遗忘"的意愿都没有，那么，时间也无能为力。

一般人往往很容易遗忘欢乐的时光，对于不快的经历却常常记起，这是对遗忘的一种抗拒。换言之，人们习惯于淡忘生命中美好的一切；

但对于痛苦的记忆，却总是铭记在心。就如你吃过了糖会很快忘记甜，吃过了黄连却口有余苦。

一般人很少静下心来检查自己"已有的"或"曾经拥有的"，都总是"看到"或"想到"自己"失去的"或"没有的"。这样你就永远也难以遗忘。

生活中，总有那么一些人，无论是待人或处事，很少检讨自己的缺点，总是记得"对方的不是"以及"自己的欲求"。其实到头来，还是很少如愿——因为，每个人的心态正彼此相克。

反之，如果这个社会中的每个人，都能够试图将对方的不是，及自己的欲求尽量遗忘，多多检讨自己并改善自己，那么，彼此之间将会产生良性的互补作用，这也才是每个人所乐见的。

有这样一个故事：有一次一位女士给了一个朋友三条缎带，希望他能送给别人。这位朋友送了一条给他不苟言笑、事事挑剔的上司，他觉得由于上司的严厉使他多学到许多东西，另外他还多给了上司一条缎带，希望上司能拿去送给另外一个影响他生命的人。

他的上司非常惊讶，因为所有的员工一向对他是敬而远之。他知道自己的人缘很差，没想到还有人会感念他严苛的态度，把它当做是正面的影响，而向他致谢，这使他的心顿时柔软起来。

这个上司一个下午都若有所思地坐在办公室里，而后他提早下班回家，把那条缎带给了他正值青少年期的儿子。他们父子关系一向不好，平时他忙着公务，不太顾家，对儿子也只有责备，很少赞赏。那天他怀着一颗歉疚的心，把缎带给了儿子，同时为自己一向的态度道歉，他告诉儿子，其实他的存在带给他这个父亲无限的喜悦与骄傲，尽管他从未称赞他，也少有时间与他相处，但是他是十分爱他的，也以他为荣。

当他说完了这些话，儿子竟然号啕大哭。他对父亲说：他以为他父亲一点也不在乎他，他觉得人生一点价值都没有，他不喜欢自己，恨自己不能讨父亲的欢心，正准备以自杀来结束痛苦的一生，没想到他父亲的一番言语，打开了心结，也救了他一条性命。这位父亲吓得出了一身冷汗，自己差点失去了独生的儿子而不自知。从此改变了自己的态度，调整了生活的重心，也重建了亲子关系，加强了儿子对自己的信心。就这样，整个家庭因为一条小小的缎带而彻底改观。

送人以缎带，证明你已遗忘了相处中所受的那些委屈和责难，忆起别人给你的快乐和益处。而受你缎带者却更能被你感动，看到你的心灵之美、爱你、助你。学会遗忘，拾起那根缎带送给让你受伤的那个人，他将回报你一片灿烂的阳光。

03　松开手你会拥有更多

生活中，不管你有多努力，总会在不经意间失去某些东西，如果你只顾为失去的东西哀叹，那么你就将失去更多。明白放弃是一种难得的智慧。

一位从事室内设计的工程师说起关于简约的空间美学的话题时说："就建筑或者室内设计而言，简约比复杂的难度还要高上许多，因为加上东西是容易的，可是要减掉东西，却需要更多、更敏锐的美学素养与判断。"

其实，要懂得放弃、放掉的智能，何止是在空间设计上困难而已。在人生之中，它是更大、更深的课题。从呱呱坠地开始，我们一直学习的都是用加法来面对人生的课题。从生理上的吃饭、长大；心理感情上得到的爱与关怀；知识上的不断学习与吸收，到物质或成就上的累积成长。

可是，这样的加法却在许多时候，成为卡住我们，让我们困惑、凝滞的关键。因为加法并不是面对人生课题时唯一的方法，有些时候，你必须用"减法"才能够解得开。而所谓的减法，正是放手的艺术。

在《卧虎藏龙》里李慕白对师妹说："把手握紧，什么都没有，但把手张开就可以拥有一切。"以退为进的道理谁都知道，可身体力行，却是困难的。

无论你的选择是什么，你注定会失去一些东西，也注定会在失去的同时获得一些东西。其实有时会得到什么、失去什么，我们心里都很清楚，只是觉得每样东西都有它的好处所在，势均力敌，哪样都舍不得放手。

给你一道测试题：在一个暴风雨的夜里，你驾车经过一个车站。车站上有三个人在等巴士，其中一个是病得快死的老妇人，一个是曾经救过你命的医生，还有一个是你长久以来的梦中情人。如果你只能带走其中一个乘客走，你会选择哪一个？

很多看过这个测试题的人都只选了其中的一个选项，事实上最理想的答案是：把车钥匙交给医生，让医生带老人去医院，然后和自己的梦中情人一起等巴士。

　　生活中的你是不是从来不想放弃任何好处，就像不愿放弃那把车钥匙？其实，有时候，如果我们可以放弃一些利益，我们反而可以得到更多。

　　"鱼，我所欲也；熊掌，是亦我所欲也。"无论你的选择是什么，都注定会失去一些东西，也注定会在失去的同时获得一些东西。虽然有些东西，你以为这次放弃了，就再也不会出现了，可当你真的错过了，你会发现它在日后仍然不断出现，就像当初它来到你身边时那样。所以那些你在不经意间所失去的并不重要的东西，完全可以重新取回来。

　　如果摆在你面前的都是重要的东西，那也没关系，看看贝尔纳给你的答案。

　　贝尔纳是法国著名的作家，一生创作了大量的小说和剧本，在法国影剧史上占有特殊的地位。有一次，法国一家报纸进行了一次有奖智力竞赛，其中有这样一个题目：如果法国最大的博物馆卢浮宫失火了，当时只能抢救出一幅画，你会抢哪一幅？结果在该报收到的成千上万回答中，贝尔纳以最佳答案获得该题的奖金。他的回答是："我抢离出口最近的那幅画。"

　　这个故事告诉我们这样一个道理：成功的最佳目标不是最有价值的那个，而是最有可能实现的那个。人的本质都是贪婪的，但一定要记住"有所得必有所失"，这才是真正的生活。学会松开你的手，才会抓住更好的东西。

04　学会割舍才能享受更大的自由

《时代杂志》曾经报道过一则封面故事"昏睡的美国人"，大概的意思是说：很多美国人都很难体会"完全清醒"是一种什么样的感觉。因为他们不是忙得没有空闲，就是有太多做不完的事。

美国人终年昏睡不已，听起来有点不可思议。不过，这并不是好玩的笑话，这是极为严肃的课题。

仔细想一想，你一年之中是不是也像美国人一样，没多少时间是"清醒"的？每天又忙、又赶、熬夜、加班、开会，还有那些没完没了的家务，几乎占据了你所有的时间。有多少次，你可以从容地和家人一起吃顿晚饭？有多少个夜晚，你可以不担心明天的业务报告，安安稳稳地睡个好觉？

并且在大多数的时候，你都无法专心，总是担心这个，害怕那个。要不，就是想要这个，但又觉得那个也不错，贪心地想将所有的东西一网打尽。

这正是现代人共同的写照：一心可以数用。在这里却有大部分人已经高估了自己的能力，以为自己无所不能，可以手脚并用同时完成很多事。

应接不暇的杂务明显成为日益艰巨的挑战。许多人整日行色匆匆，疲态毕露。放眼四周，"我好忙"似乎成为一般人共同的口头禅，忙是正常，不忙是不正常。试问，还有在行程表上能挤出空档的人吗？

美国作家杰夫·戴维森形容"狂乱湍流正席卷着当今每个人的生

活"。他并且引用著名的趋势预言家托夫勒在 1970 年出版的著作《未来冲击》中所说的一段话："人们将成为选择泛滥的奴隶……"然而，太多的选择也同时威胁着人们心灵的悠游空间，带来更大的焦虑，令人觉得时间与自由受到剥夺。

不幸被托夫勒先生说中，太多的选择让人们分心。一心数用的结果：你不能专心地做好每一件事，不能思考、不能交谈、不能运动、不能休闲……据说，即便是一家团聚，也要提前预约。

奇怪的是，尽管大多数人都已经忙昏了，每天为了"该选择做什么"觉得无所适从，但绝大多数的人还是认为自己"不够"。这是最常听见的说法："我如果有更多的时间就好了"、"我如果能赚更多的钱就好了"，好像很少听到有人说："我已经够了，我想要的更少！"

正如托夫勒所言，太多选择的结果，往往是变成无可选择。即使是芝麻绿豆大的事，都在拼命消耗人们的精力。根据一份调查，有 50% 的美国人承认，每天为了选择医生、旅游地点、该穿什么衣服而伤透脑筋。

如果你的生活也不自觉地陷入这种境地，你要来个"清理门户"的行动，那么以下有三种选择：第一，面面俱到。对每一件事都采取行动，直到把自己累死为止。第二，重新整理。改变事情的先后顺序，重要的先做，不重要的慢慢再说。第三，丢弃。你会发现，丢掉的某些东西，其实你一辈子都不会再需要它们。

当你发现自己被四面八方的各种琐事捆绑得动弹不得的时候，难道你不想知道是谁造成今天这个局面？是谁让你昏睡不已？原因很简单——是你自己，不是别人。所以，是你对它们负责，而不是要它们来对你负责。

昏睡中忙碌着的你我，必须学会割舍，才能清醒地活着，也才能享受更大的自由。

05 工作要进得去出得来

"一头栽下去"，是很多人恋爱时都要经历的过程。但是你可知道，就像爱情一样，工作也能让人在不知不觉中陷入"无法自拔"的境地。

你每天的工作不一定只有 8 小时。虽然说，一般认为上班族的工作时间是早上 9 点到下午 5 点，但是，不遵守"规定"的大有人在。你只要放眼望去，随处都可以发现许多的企业老板、律师、会计师、专业人员、中介经理人甚至自由工作者，在他们的时间表里，绝对没有所谓的"准时下班"。

在这个以工作为导向的社会里，制造了无数对工作狂热的人。他们没日没夜地工作，整日把自己压缩在高度的紧张状态中。每天只要睁开眼睛，就有一大堆工作等着他。

你如果要判定这个人是不是"工作狂"，最直接的方法就是放假。因为，有很多工作狂最讨厌节日，尤其是放长假，对他们而言，简直就是一种折磨。只要一闲下来，他们就会闷得发慌，恨不得赶紧逃回办公室里。

其实，工作狂不单单指做事的状态，也是一种心理的状态。据心理研究人员分析，具有工作狂特质的人大都是目标导向的完善主义者。一切以原则挂帅，他们企图从工作中获得主宰权、成就感与满足感，任由生活完全受工作支配。他们相信只有工作才是一切意义的所在，活动、人际关系对他来讲都是无关紧要的。

表面看来，工作狂似乎别无选择，他就是无法让自己停下来：他们以为，一旦妥协就是投降，表示自己认输。他们这种心态，不论是对自己还是周围共事的人，都造成相当严重的困扰。

美国有位专门研究工作狂的心理医师杰·罗里奇，根据他的观察：绝大多数沉溺于工作的工作狂，往往不是那些需要殚精竭虑、必须靠出卖劳力以求生存的人。

当走进社会，从第一天工作开始，吉列公司香港区经理麦斯礼心里只有一个目标——希望自己在 30 岁的时候能挣得一个好的位置。由于急于求表现，他几乎是拼了命工作。别人要求 100 分，他非要做到 120 分不可，总是超过别人的预期。

29 岁那年，麦斯礼果真坐到主管的位置，比他预期的时间还提早了一年。不过，他并没有因此而放慢脚步，反而认为是冲向另一个阶段的开始，工作态度变得更"狂"了。

那段时间，麦斯礼整个心思完全放在工作上，不论吃饭、走路、睡觉几乎都在想工作，其他的事一概不过问。对他而言，下班回家，只不过是转换另一个工作场所而已。

拼命工作的结果不仅使他与家庭产生了距离，与员工更是形成对立的局面。而他自己，其实过得也并不快乐，常常感觉处在心力交瘁的状态。

当时，麦斯礼不认为自己有错，觉得自己做得理所当然；反而责怪别人不知体谅，不肯全力配合。不过，慢慢地他也发现，纵然自己尽了全力，为什么却老是追不到自己想要的？

35岁以后，麦斯礼才开始领悟，过去的态度有很大的偏差。处处以工作成就为第一，没有想到工作只是人生的一部分，而不是全部。虽然，口口声声说是为了别人，但其实是为了掩盖自己追求虚荣的借口。

麦斯礼不否认"人应该努力工作"。但是，在追求个人成就的同时，不应该舍弃均衡的生活；否则，就称不上"完整"的人生。

重新调整之后，麦斯礼发现比较喜欢现在的自己，爱家、爱小孩，还有自己热衷的嗜好。他没想到这些过去不屑、认为浪费时间的事，现在却让他得到非常大的满足。对于工作，他还是很努力，至于结果，一切随缘。